低脂轻食
家常菜

小菁同学　编著

U0151807

中国轻工业出版社

带你了解本书

烹饪难度及时间
一目了然

功效特点
清楚明了

想带便当？我们为你
选了最合适的那些

菜品原料易
于采买，家
常又实惠

双色西蓝花鸡蛋卷

⏱ 20分钟　🍳 简单

用料

西蓝花3小朵 | 鸡蛋3个 | 面粉2少许 | 盐少许 | 食用油适量

做法

1. 西蓝花洗净，去掉底部的粗茎，切成小块，下沸水焯1分钟捞出沥。

2. 把焯好的西蓝花剁碎备用。

3. 把三个鸡蛋的蛋清和蛋黄分离。

4. 在蛋黄和蛋清里各加入1汤匙面粉拌匀，这样在煎制的过程中不容易破。

5. 把西蓝花碎加入蛋清中拌匀，然后在蛋黄和蛋清里各加少许的盐拌匀调味。

6. 平底锅热油，保持小火，先下入蛋清，摊平。

7. 趁蛋黄还没完全凝固的时候，从一端卷起成蛋黄卷。

详尽直观的
操作步骤让
你简单上手

8. 同样是蛋清也还没有完全凝固的时候，从蛋黄卷的一端，朝蛋清的方向卷起。卷成一个大的蛋卷之后，再继续加热几分钟至鸡蛋全熟。

9. 把蛋黄卷放在平底锅的一边，然后倒入蛋清和西蓝花碎的混合液，摊平。

10. 最后把蛋卷切成较宽的小段即可。

烹饪秘籍
全用小火慢煎，避免把鸡蛋煎煳。根据个人的口味，还可以在蛋黄中加入胡萝卜碎成火腿碎，营养更丰富些。

34

作者将经验与
心得倾囊相授

计量单位对照表

1茶匙固体材料 = 5克	1汤匙固体材料 = 15克
1茶匙液体材料 = 5毫升	1汤匙液体材料 = 15毫升

说明

① 书中二维码建议使用手机浏览器扫码功能扫码观看视频。部分菜品的视频与图文菜谱并不完全一致，仅为读者提供参考。

② 书中带"适合做便当"标记的菜谱，是为上班族提供自带工作餐的选择，其选取原则是：绿叶蔬菜隔夜后易产生亚硝酸盐，不宜作为便当菜；含汤汤水水的菜品不易携带，也不宜作为便当菜。除此之外，大部分菜谱均可作为便当菜，特别是**根茎类、豆蛋类、鱼虾类、肉类**等食材，营养丰富又易于储存和携带。

③ 书中所标烹饪时间通常不含浸泡、冷藏、腌制的时间，仅供读者制作时参考。

这本书因何而生

第一眼见到小菁同学是被她的标签所吸引——"不想做厨娘的服装设计师不是好的插画师"，这并不是一句单纯的调侃。作为服装设计师，她毕业于北京服装学院，曾获得"中华杯"国际服装设计大赛银奖，多次参加东南卫视"美丽佩配"时尚类节目的录制，是名副其实的时尚达人；作为插画师，她绘有个人原创漫画《乌龙辣妈》；作为厨娘，她是2019年豆果美食年度最佳内容创作达人，多个菜谱在网络上的点击量超过百万……

厨娘、服装设计师、插画师，三个迥异的身份在她身上得到了很好地融合，这些融合最后都体现在她做的菜上面。深厚的美术功底，帮助她很好地将艺术和美食相结合，做出好看又美味的创意食物。她最吸引粉丝的地方在于：她的每一道菜都像一件艺术品般精致，而在做法上却十分简单易操作，这正与现在流行的生活理念相符合，用极简的方式过精致的生活！这也是小编迫不及待想要将她推荐给大家的原因，抽一点点时间，做一顿让自己和家人开心的美食，感受繁忙生活中的片刻温柔。

这本书里都有什么

围绕"低脂健康"这个主题，小菁同学为本书特意甄选了170多道菜，涵盖早餐、正餐和下午茶。做法简单、营养丰富，每一道菜都分门别类加以整理，并且一步一图，方便查找、随时翻阅。

小菁同学将自己的经验心得毫无保留地记录在了每一道菜谱里，详尽的步骤和贴心的烹饪秘籍能帮助你更快上手。有些菜谱还配有视频二维码，能让你更直观地感受每一道菜的做法。同时还附有功能标签，帮助你选择最适合自己的食物。

好的减脂方法，就是努力养成科学合理的饮食习惯，但太过烦琐和寡淡的菜式往往成了减脂路上的"拦路虎"。小菁同学考虑到这两点，在菜式的改良和创意上下足功夫：将一些好吃却高热量的食物进行改良，用低热量的方式复刻高热量食物的美味；将一些原本寡淡的食物进行创意改造，利用"高颜值"帮助打开食欲……而所有这些统统都不需要复杂的操作。

就让我们跟着小菁同学吃起来吧！一起将减脂坚持下去。

自序

　　"不想做厨娘的服装设计师不是好的插画师"，这是我的个性签名。我是小菁，一个80后的二娃妈妈，也是一名服装设计师、插画师，更是"一枚"厨娘。

　　我走上美食达人之路，是从做早餐开始的，最初只是简单用照片记录一下，后来在朋友的鼓励下，开始在美食平台上晒美食照并且发布食谱，从此一发不可收拾。

　　从"只求吃饱"到"吃得美，吃得开心又营养，还不容易长胖"，我每天抱着把想吃的东西都亲手做出来的想法，并且搭配四季不同的食材，开启了一个又一个美好的三餐小时光。

　　随着时代的发展，人们对美食的追求不再止步于味道，更希望在饱餐一顿后，身体依然健康、轻松、无负担。而高热量、高脂肪的食物非常容易造成脂肪堆积，令人们出现各种"富贵病"。虽然我不是专业的营养师，但我希望通过每天低脂菜的分享，帮助人们保持正常的体重，维持健美的身材，并且让大家感受到制作美食的快乐，获得满满的正能量！

　　这是我人生的第一本书，它能顺利问世，我要感谢我的家人、朋友和粉丝的支持，感谢中国轻工业出版社的张弘编辑对我的认可和鼓励，我会继续在美食的道路上不断求索。

　　有个美食家说过："一个人有吃的念头，就有活的欲望；爱美食的人，必定热爱生活。"

　　爱生活，从热爱美食开始，自己动手去做那些让人身心都感受到愉悦的美食，当你专心去做一件事情的时候，周围的一切都会开始变得美好起来。

小菁同学

（杨菁）

目录

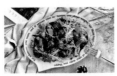

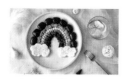
彩虹沙拉 39

小清新饭团 40

杂蔬奶酪三角饭团 41

午餐肉杂粮饭团 42

午餐肉炒蛋饭团 43

豆腐全麦荷兰松饼 44

麦香花环松饼 46

双莓可可松饼 48

无油无糖香蕉松饼 49

香蕉燕麦华夫饼 50

香芋华夫饼 52

花生酱华夫饼 54

红心火龙果香蕉热卷饼 55

爆浆奶酪红薯燕麦饼 56

饺子皮葱油饼 57

鳕鱼土豆饼 58

培根豌豆土豆饼 60

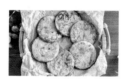
土豆蟹柳鸡蛋饼 61

胡萝卜鸡蛋牛奶煎饼 62

奶香鸡蛋米饼 62

奶香玉米饼 63

紫薯山药奶酪球 64

豆皮杂粮卷 66

红薯奶酪焗蛋 67

黄金小猪馒头片 68

杂蔬山药鸡肉小方 69

花生酱酸辣荞麦面 70

香菇肉末拌面 72

咖喱乌冬面 74

日式三文鱼茶泡饭 75

八宝粥 76

十谷米红薯粥 76

香菇胡萝卜鳕鱼粥 77

花生酱水果燕麦粥 78

牛油果草莓早餐燕麦杯 79

草莓果昔酸奶燕麦杯 80

双莓酸奶燕麦杯 80

CHAPTER 2

低卡减脂
营养正餐

宫保鸡丁 82

黄瓜炒鸡丁 84

秋葵炒鸡丁 85

胡萝卜木耳炒鸡丁 86

鸡胸肉炒香菇 87

荷兰豆炒鸡丁 88

荷兰豆百合炒虾仁 89

西蓝花炒虾仁 90

西芹百合炒虾仁 91

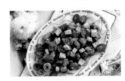
黑椒杏鲍菇牛肉粒 92

黑胡椒茭白片 94

黑椒芦笋炒蘑菇 95

山药木耳炒肉片 96

芹菜炒腐竹 97

番茄炒白菜 98

素烧杏鲍菇 99

蒜蓉炒丝瓜 100

蒜蓉炒四季豆 101

藜麦鸡胸肉丸子 102

鲜虾蔬菜丸子 104

玉米藜麦鸡肉饼 104

小米裹肉丸子 105

西葫芦快手牛排堡 106

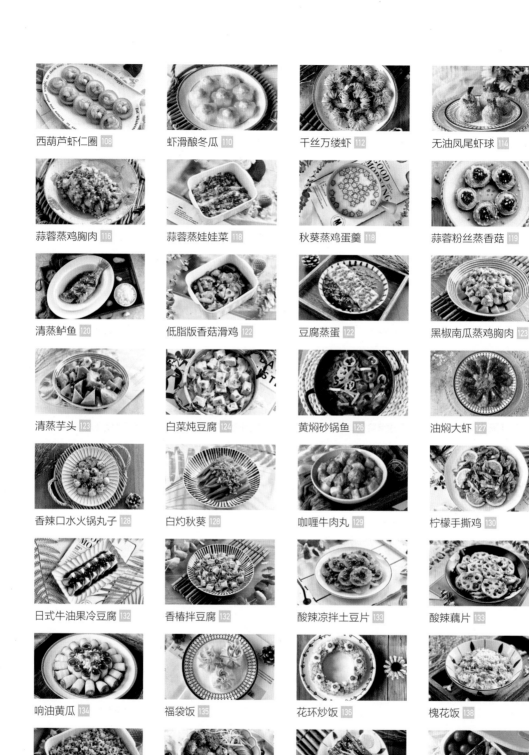

日式牛肉饭 142

虾仁时蔬意面 144

五彩凉拌鸡丝鱼面 146

白萝卜鲫鱼汤 147

虫草花山药鸡汤 148

红菇鸡汤 148

山药鸽子汤 149

玉米山药排骨浓汤 149

番茄菌菇豆腐汤 150

番茄珍珠疙瘩汤 151

番茄肥牛锅 152

懒人版寿喜锅 154

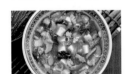
低脂酸辣汤 155

无油爆浆鸡排 156

家庭版巴西烤肉 158

空气炸锅版烤带鱼 158

蒜蓉烤口蘑 159

香菇烤鹌鹑蛋 159

新奥尔良鸡胸牙签肉 160

CHAPTER 3
轻松惬意
缤纷下午茶

樱桃莫吉托 162

缤纷水果苏打水 164

西瓜气泡水 164

水蜜蟠桃西瓜气泡水 165

茉莉花水果茶 166

秋梨香橙花果茶 166

西柚茉莉花茶 167

百香果拌黄瓜 167

雪碧青柠泡萝卜 168

家庭版炒酸奶 169

青提酸奶杯 170

芒果思慕雪碗 170

香蕉蔓越莓思慕雪 171

碧根果奶油南瓜羹 172

奶香南瓜山药小丸子 172

蜂蜜玫瑰花炖奶 173

火龙果养生银耳羹 174

木瓜银耳羹 174

家庭版烤梨 175

红枣花生甜汤 176

百合莲子糯耳汤 176

山药银耳红枣羹 177

蔓越莓银耳桃胶羹 177

桃胶皂角米雪燕糯耳羹 178

玫瑰桃胶羹 178

锥栗桃胶雪燕羹 179

苦尽甘来 180

红枣糯米心太软 182

南瓜红枣糯米糕 184

蔓越莓红糖发糕 186

蔓越莓山药糕 188

酸奶麦片红薯山药糕 189

日式烤南瓜 190

牛奶麻薯 191

CHAPTER 1

健康快手
轻盈早餐

坚果草莓花吐司

改善便秘
美容护肤

⌛ 10分钟　　👨‍🍳 简单

草莓鲜美红嫩，果肉多汁，酸甜可口，香味浓郁，不仅有色彩，还有一般水果没有的怡人芳香，是水果中难得的色、香、味俱佳者，被人们誉为"果中皇后"。简单几步就可以把它变成美美的花朵，让你的早餐充满仪式感！

用料

草莓3~4个　|　吐司1片　|　奶油奶酪1块
混合坚果1包

做法

1. 草莓洗净，去掉底部，切成片。

2. 取一片吐司，抹上奶油奶酪。

3. 如图摆上一圈草莓片。

4. 错开位置再摆上一圈，像一朵花，再切半个草莓（尖的那一头），放在中间做花心。

5. 开一包混合坚果，把蔓越莓干和蓝莓干挑出来，其余的坚果放保鲜袋里，用擀面杖擀碎。

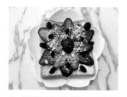

6. 把坚果碎撒在草莓上，周围再用蔓越莓干和蓝莓干点缀一下，完成！

 烹饪秘籍

如果不抹奶油奶酪的话，可以换成炼乳、花生酱或浓稠的酸奶等，尽情DIY吧！

紫薯肉松奶酪三明治

⧗ 30分钟　　☺ 简单

紫薯的热量极低，约等于稻米的三分之一，是一种非常好的减肥食材。紫薯的细腻、肉松的鲜香、奶酪的浓郁结合在一起，简直好吃到炸裂！

用料

吐司2片　|　紫薯200克左右　|　炼乳适量
马苏里拉奶酪碎适量　|　肉松适量

做法

1. 紫薯去皮、切片，蒸20分钟，我用的是蒸箱。

2. 紫薯中加入炼乳，也可加蜂蜜、麦芽糖或淡奶油，起到湿润作用。混合均匀，捣成泥状，越细腻口感越好。

3. 三明治机里放一片吐司，中间放上马苏里拉奶酪碎，用奶酪片也可以。

4. 再抹上紫薯泥，我抹得比较厚，可根据个人的喜好添加。

5. 然后在紫薯泥上放上肉松，肉松是这道三明治的灵魂，怎么搭配都好吃！

6. 盖上另一片吐司，压紧，盖上三明治机，设置3分钟。做好后把三明治从中间切开，叠起来即可。

烹饪秘籍

如果没有三明治机，可以把吐司片烤一下，用同样的方法把三种食材夹在两片吐司中间，利用吐司片的余温让奶酪融化。或者放平底锅里煎一下，目的都是为了让奶酪融化，口感更好。

沼夫三明治

增强免疫力 | 适合做便当

⏳ 30分钟   👨‍🍳 简单

用料

圆白菜3片 | 火腿2片 | 鸡蛋1个 | 吐司2片 | 奶酪片1片 | 千岛酱适量

做法

1. 鸡蛋打散、煎熟，火腿两面各煎片刻。

2. 圆白菜洗净，切细丝。加入适量千岛酱拌匀，或各种你喜欢的酱料都可以。

3. 吐司片下垫一张保鲜膜，铺上一半的圆白菜。

4. 然后放上奶酪片、火腿片。

5. 放上煎蛋，再放上另一半圆白菜。

6. 盖上另一片吐司，压紧，用保鲜膜裹紧。

7. 用刀从中间切开，切面朝上，最后可以系上漂亮的丝带。

烹饪秘籍

1. 火腿片可以换成培根；炒蛋也可以用水煮蛋、荷包蛋代替。

2. 保鲜膜一定要裹紧，否则成品容易散开。

这道声名远播的沼夫三明治
最开始是日本陶艺家大沼道行
的太太为丈夫做的爱心三明治，
因为其颜值高，制作起来零难
度，很快就火遍全网。

草莓三明治

预防便秘

⏳ 10分钟　　👨‍🍳 简单

扫码看视频
轻松跟着做

用料

草莓3个　|　吐司片2片
黄油5克　|　草莓酱2汤匙　|　糖霜适量

做法

1. 多功能锅放入坑纹烤盘预热，放入黄油化开。

2. 放入吐司片，小火煎至两面出现条纹即可。

3. 在其中一片吐司片上抹上草莓酱或者奶油奶酪、稠质酸奶都可以。

4. 草莓洗净切丁，铺在草莓酱上。

5. 盖上另一片吐司片，压一压。从中间切开，点缀上切成两半的草莓，撒上糖霜即可。

烹饪秘籍

换成你喜欢的水果和酱料都可以，非常简单。

奶酪汤圆三明治

健脾开胃

⏳ 20分钟　　👨‍🍳 简单

用料

黑芝麻汤圆4个　|　吐司片4片　|　奶酪片1片
蓝莓、青提各若干　|　糖粉适量　|　薄荷叶若干

做法

1. 奶酪片沿着对角线切开，分成4个小三角。

2. 锅里大火烧开水，下入汤圆，转小火，煮至汤圆漂起，捞出沥水。

3. 三明治机预热好，放上吐司片，再角对角、边对边放好奶酪片，留出边缘，在奶酪片上放上煮好的汤圆。

4. 盖上另一片吐司片，盖好三明治机，热压5~7分钟。

5. 三明治切好摆盘。蓝莓和青提洗净，青提切开，与薄荷叶一起装饰三明治，撒上糖粉即可。

烹饪秘籍

我用的是三角烤盘，所以把奶酪片切开放了，如果是普通的三明治烤盘，奶酪片可以不用切，汤圆也可以多放几个，随你喜欢。如果没有三明治机，也可以用平底锅制作。

蔬菜三明治

⏳ 20分钟　　👨‍🍳 简单

用料

生菜4～6片　｜　鸡蛋1个　｜　午餐肉1片
番茄1片　｜　肉松、食用油各适量

做法

1. 平底锅热油，下鸡蛋煎熟，切一片午餐肉两面煎好。

2. 生菜洗净、甩干水分；番茄洗净，切下一片备用。

3. 铺一张保鲜膜，放两三片生菜叶，依次放上番茄片、煎蛋、午餐肉片、肉松，再盖上2片生菜叶。

4. 用保鲜膜将蔬菜三明治包裹起来，一定要包得紧一些，也可以在外表再裹一层保鲜膜加固一下。

5. 最后用干净的刀从中间切开即可。我还用硅油纸包了一下，两边用麻绳扎紧，颜值很高哦。

烹饪秘籍

午餐肉可以换成火腿、鸡胸肉、虾仁等肉类食材，关晓彤原版的三明治里还加了香菜，喜欢香菜的朋友也可以试试哦！

牛油果奶酪火腿三明治

⏳ 20分钟　　👨‍🍳 简单

用料

全麦吐司2片　｜　蛋清50毫升　｜　牛油果1/2个
圆火腿片2片　｜　厚奶酪片1片　｜　千岛酱适量
食用油适量

做法

1. 准备好食材。牛油果对半切开去掉核，沿长的方向切成片。

2. 三明治机预热好后，刷一层油，倒入蛋清煎至凝固，盛出，也可以用全蛋液。

3. 把吐司片放入三明治机，挤上千岛酱（或别的酱料），码上牛油果片，盖上煎蛋白，放上厚奶酪片，再放上圆火腿片。

4. 盖上另一片吐司片后，用三明治机热压3分钟。压好之后对半切开即可食用。

烹饪秘籍

牛油果还可以换成黄瓜、生菜、胡萝卜等你喜欢的食材。

蟹柳鸡蛋奶酪三明治

降糖增肌 | 适合做便当

⌛ 20分钟　　👨‍🍳 简单

用料

吐司片4片 ｜ 蟹肉棒4根 ｜ 布里奶酪25克
鸡蛋1个 ｜ 番茄酱适量

做法

1. 鸡蛋煎熟，喜欢溏心的不用煎太熟。

2. 布里奶酪切成片。

3. 在吐司片上抹上番茄酱。依次放上解冻好的蟹肉棒、煎蛋、布里奶酪。

4. 盖上另一片吐司片，放入预热好的三明治机。盖好盖，热压3～5分钟，然后从中间切开即可。

烹饪秘籍

番茄酱可以换成你喜欢的其他酱料，布里奶酪可以换成普通的奶酪片，喜欢拉丝口感的，可以用马苏里拉奶酪。

蟹柳肉松鸡蛋三明治

提高机体免疫力 | 适合做便当

⌛ 30分钟　　👨‍🍳 简单

用料

吐司2片 ｜ 蟹柳5条 ｜ 鸡蛋1个 ｜ 肉松2汤匙
黄瓜1/3个 ｜ 生菜3片 ｜ 沙拉酱适量

做法

1. 准备好食材。黄瓜切片；生菜洗净甩干水分；鸡蛋和蟹柳分别煎好。

2. 保鲜膜上放一片吐司，挤上沙拉酱（或其他喜欢的酱料）。依次放上生菜、蟹柳、肉松、煎蛋、黄瓜。

3. 另一片吐司也抹上沙拉酱，把抹好沙拉酱的吐司片盖到黄瓜上。

4. 借助保鲜膜把三明治压实裹紧，从中间切开即可。

烹饪秘籍

还可以用硅油纸给三明治穿上漂亮的外衣，这样不仅方便携带，吃的时候也不容易弄脏手，方便又卫生。

杂蔬蟹柳煎蛋三明治

⏳ 20分钟　　👨‍🍳 简单

早餐不知道要吃什么的时候，三明治是我的首选，无论把什么食材放到两片吐司里一起压热，成品都很好吃，可甜可咸，一周都可以不重样。

用料

吐司片2片　|　鸡蛋1个　|　蟹柳2根
什锦蔬菜粒2汤匙　|　马苏里拉奶酪15克
番茄酱适量　|　黑胡椒碎少许
食用油适量

做法

1. 蟹柳解冻好，什锦蔬菜粒焯水后沥干备用。

2. 把三明治烤盘预热3分钟，盘里刷一层油，磕入鸡蛋。扣好烤盘，推入早餐机，设置大火，时间5分钟，鸡蛋煎好后取出。

3. 在三明治烤盘中放一片吐司，挤上番茄酱，放上什锦蔬菜粒，撒上马苏里拉奶酪，再放上煎好的鸡蛋，磨上黑胡椒碎。

4. 蟹柳撕掉塑料膜，放在鸡蛋上。再盖上另一片吐司片，然后扣好三明治烤盘。

5. 把三明治烤盘推入早餐机中，设置大火，时间5分钟。

6. 烤好后，把三明治从中间切开即可。

烹饪秘籍

这款蟹肉棒解冻后是开袋即食的，如果不放心的话可以放烤盘里加热2分钟后再制作。也可以换成火腿、培根等你喜欢的食材。

牛油果炒蛋蔬菜三明治

⏳ 30分钟　　☺ 简单

牛油果富含不饱和脂肪酸，能够有效降低血液中的胆固醇含量。单吃牛油果口感有点腻，做成这款三明治，色彩丰富，营养全面，还超级饱腹哦！

用料

黑麦面包2片　|　牛油果半个　|　鸡蛋1个
鸡肉肠2根　|　生菜4片　|　胡萝卜30克
紫甘蓝30克
番茄酱、食用油、黑胡椒粉各适量

做法

1. 鸡蛋打成蛋液，下油锅里炒熟；鸡肉肠煎片刻，竖向对半切开；胡萝卜、紫甘蓝切丝；牛油果去皮、切片；生菜择洗净。

2. 取一片黑麦面包，放在保鲜膜中间，挤上番茄酱，放上生菜叶、胡萝卜丝。

3. 再放上炒蛋，撒上黑胡椒粉。

4. 放上牛油果片、鸡肉肠、紫甘蓝丝。

5. 盖上另一片吐司片，用保鲜膜把所有食材裹紧。

6. 最后从中间对半切开即可。

烹饪秘籍

1. 切好的三明治可以用硅油纸包上，两边像糖果一样用麻绳系好，颜值很高哦！

2. 保鲜膜要裹紧，切出来的截面才会好看，食材和酱料也可以根据自己的喜好来搭配。

西蓝花奶酪滑蛋火腿三明治

⏳ 20分钟　　🍽 简单

是否已经厌倦了水煮西蓝花？不如做成三明治吧！西蓝花不仅是营养丰富的蔬菜，更是一种保健蔬菜。古代西方人还将西蓝花推崇为"天赐的良药"和"穷人的医生"。

用料

全麦吐司2片 ｜ 西蓝花50克 ｜ 鸡蛋1个
奶酪片1片 ｜ 火腿肠1根 ｜ 盐少许
黑胡椒粉少许 ｜ 低脂沙拉酱、食用油各适量

做法

1. 准备好食材。西蓝花洗净切成小朵；火腿肠先平均切成两段，再从中间对半切开。

2. 早餐机的小锅加水烧开，下西蓝花焯熟；早餐机的三明治烤盘刷一层油，倒入打散的鸡蛋液，在蛋液中放入一片奶酪片。

3. 鸡蛋和奶酪片一起炒至嫩滑，盛出。

4. 西蓝花捞出沥水后切碎，加入少许盐和黑胡椒粉拌匀。

5. 把吐司片放入三明治机，挤上低脂沙拉酱，然后依次铺上一层西蓝花碎、奶酪滑蛋、火腿肠。

6. 盖上另一片吐司片，三明治机热压3分钟。热压好后，用刀从中间切开即可。

烹饪秘籍

西蓝花焯水时间不宜过久，只需要两分钟左右即可捞出，避免营养流失。如果没有三明治机，直接用保鲜膜把三明治裹起来后再切开也可以。

华夫饼是比利时的著名烘焙甜品，它的魅力就在于，进去的明明是一堆面糊，打开就变成了俄罗斯方块，好像变戏法一样！在两块华夫饼之间夹上自己喜欢的馅料，还可以变身三明治，满足吃货们挑剔的味蕾！

豆沙肉松鸡蛋华夫饼三明治

 补充能量

 适合做便当

⏳ 50分钟　🍽 简单

用料

低筋面粉100克 │ 泡打粉5克 │ 糖粉30克
鸡蛋2个 │ 玉米油20毫升
纯牛奶100毫升 │ 豆沙适量 │ 肉松适量
植物油少许

烹饪秘籍

豆沙可以换成芋泥、紫薯泥、红薯泥等，都非常好吃！如果不夹馅，直接在烤好的华夫饼上淋上酸奶或挤上奶油，放上喜欢的水果丁也很不错。

做法

1. 取一个盆，把鸡蛋、玉米油和牛奶混合搅拌均匀。

2. 把低筋面粉、泡打粉和糖粉混合后，筛入拌匀的蛋奶液中。

3. 用"一"字或"Z"字的手法把面糊搅成均匀顺滑的面糊。不要画圈搅拌，避免面粉起筋影响口感，如果想更细腻一些可以把面糊过筛。

4. 华夫饼盘预热3分钟，把面糊舀入烤盘中。扣好华夫饼盘并推入早餐机中，设置大火，烤制5分钟成形。用同样方法把所有的面糊都烤完。

5. 三明治烤盘预热好后，盘里刷一层油，磕入1个鸡蛋。扣好烤盘并推入早餐机中，设置大火，时间5分钟，把鸡蛋煎好。

6. 在华夫饼上抹一层豆沙，薄厚根据自己的口味调整。铺一层肉松，放上煎蛋，再撒一层肉松。另一片华夫饼也抹一层豆沙。

7. 把两片华夫饼合起压紧，用保鲜膜裹上有助于定形。从中间切开，去掉保鲜膜即可。

蟹柳滑蛋吐司卷

⏳ 20分钟　👨‍🍳 简单

蟹柳和鸡蛋属于鲜嫩派，组合在一起超级鲜美嫩滑。加上生菜，卷在吐司片里，就成了一道简单快手的元气早餐，最棒的是，这道早餐低脂低卡，不用担心长肉肉哦。

用料

蟹柳3个	鸡蛋2个	牛奶少量
生菜3片	吐司1片	食用油1汤匙
沙拉酱适量	黑胡椒碎适量

做法

1.蟹柳解冻后，撕成丝。鸡蛋加入少许牛奶打散。

2.锅里下适量食用油烧热，下蟹柳丝炒香。

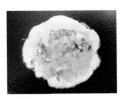

3.倒入鸡蛋液，加热至蛋液凝固。

4.把吐司片用擀面杖擀平。在吐司片上挤上沙拉酱。

5.把吐司片放在硅油纸上。放上生菜叶，接着放上蟹柳滑蛋，磨上黑胡椒碎。

6.借助硅油纸，像包糖果一样把吐司片裹着食材卷起来，两端拧紧，吃的时候对半切开即可。

烹饪秘籍

生菜还可以换成圆白菜、紫甘蓝，沙拉酱也可以换成番茄酱，怎么搭配都可以。

双色西蓝花鸡蛋卷

⌛ 20分钟　　👨‍🍳 简单

用料

西蓝花3小朵 ｜ 鸡蛋3个 ｜ 面粉2少许 ｜ 盐少许 ｜ 食用油适量

做法

1. 西蓝花洗净，去掉底部的粗茎，切成小块，下沸水焯1分钟后捞出。

2. 把焯好的西蓝花剁碎备用。

3. 把三个鸡蛋的蛋清和蛋黄分离。

4. 在蛋黄和蛋清里各加入1汤匙面粉拌匀，这样在煎制的过程中不容易破。

5. 把西蓝花碎加入蛋清中拌匀，然后在蛋黄和蛋清里各加少许的盐拌匀调味。

6. 平底锅热油，保持小火，先下入蛋黄，摊平。

7. 趁蛋黄还没完全凝固的时候，从一端卷起成蛋黄卷。

8. 把蛋黄卷放在平底锅的一边，然后倒入蛋清和西蓝花碎的混合液，摊平。

9. 同样趁蛋清也还没有完全凝固的时候，从蛋黄卷的一端，朝着蛋清的方向卷起。卷成一个大的蛋卷之后，再继续加热几分钟至鸡蛋全熟。

10. 最后把蛋卷切成等宽的小段即可。

烹饪秘籍

全程小火慢煎，避免把鸡蛋煎焦。根据个人的口味，还可以在蛋黄中加入胡萝卜碎或火腿碎，营养更丰富哦。

西蓝花不仅可以炒着吃，把它放入鸡蛋卷中，更是天赐的美味。教你解馋新做法，颜值高、吃不胖，把蛋黄和蛋清分开煎，西蓝花加入蛋清中，黄绿两种颜色搭配在一起真是太漂亮啦！

金针菇火腿厚蛋烧

⏳ 40分钟　　👨‍🍳 简单

用料

金针菇60克 ｜ 火腿肠1根 ｜ 小葱10克 ｜ 鸡蛋（小）5个 ｜ 盐适量 ｜ 植物油适量

做法

1. 金针菇洗净，切碎。

2. 火腿肠剥掉塑料膜，切碎。

3. 把金针菇碎、火腿碎、葱花加入蛋液拌匀，放少许盐调味。因为火腿有咸味，喜欢清淡口味的可以不用额外加盐。

4. 平底锅倒入适量植物油晃匀，烧热后倒入部分蛋液摊平。

5. 趁蛋液还未完全凝固，把蛋皮从一端卷起。

6. 把卷好的蛋卷放在平底锅一边，再倒入剩余蛋液，再次摊平。

7. 趁蛋液还未完全凝固，把蛋卷裹着新的一层蛋皮，从一端卷起，成为一个大的蛋卷。继续煎一会儿至全熟。

8. 然后用刀切成等宽的小段即可。

烹饪秘籍

因为蛋液里的食材比较多，不能摊得很薄。如果蛋液里的食材比较细腻，可以尝试多煎几层。

金针菇含有丰富的矿物质、维生素等营养成分，其中的精氨酸和赖氨酸等人体必需脂肪酸含量高于其他的菇类，被誉为"增智菇"。将金针菇和鸡蛋、火腿碎一起做成厚蛋烧，营养丰富，鲜嫩可口！

鸡蛋饼比萨 （增强免疫力）

⏳ 20分钟   👨‍🍳 简单

包子、馒头等是我家常做的早餐，但相对来说这些早餐的制作比较烦琐。这道中西合璧的鸡蛋饼比萨，无须揉面、发酵，十分快手，全家都喜欢！

用料

鸡蛋2个 ｜ 面粉1汤匙 ｜ 青椒1/5个
红椒1/5个 ｜ 洋葱1/5个 ｜ 火腿肠1根
马苏里拉奶酪丝适量 ｜ 番茄酱适量
食用油适量

做法

1.红椒、青椒、洋葱洗净，切小丁；火腿肠切片。

2.盆里打入2个鸡蛋拌匀，倒入1汤匙面粉。用蛋抽搅拌至无面粉颗粒。

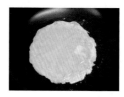

3.不粘锅烧热，下底油。倒入鸡蛋糊，全程小火（倒圆一些更好看）。

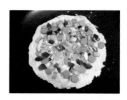

4.趁鸡蛋糊还没有凝固，铺上火腿片。再撒上青椒丁、洋葱丁和红椒丁。

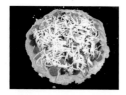

5.铺上马苏里拉奶酪丝。盖上锅盖，焖3分钟。奶酪融化，挤上番茄酱即可出锅。

 烹饪秘籍

比萨料可以根据喜好搭配。青红椒、洋葱都是可以生吃的，如果不喜欢吃生的，可以焯烫后再用；如果要加肉，需要先烤熟或炒熟。

鲜虾面条比萨

营养全面

⏳ 40分钟　🍳 简单

用料

挂面25克　｜　儿童鳕鱼肠2根　｜　洋葱25克

甜椒20克　｜　圣女果4个　｜　虾仁4只

鸡蛋1个　｜　马苏里拉奶酪丝30克

食用油适量

这是一个脑洞大开的面条吃法，用面条来替代比萨饼坯，做法特别简单，甚至连烤箱都不用。做好之后，满屋的奶香味，还有诱人的拉丝！

烹饪秘籍

1. 要趁热吃才会有拉丝哦，放凉后味道和口感就会差很多。

2. 可以根据自己的口味搭配食材，比如肉松、菠萝、鸡肉、午餐肉等都可以。

3. 煎制过程中没有翻面，所以一定要用小火，避免煎煳。

4. 奶酪本身有咸味，所以没有加多余的调味料，面上挤上番茄酱或沙拉酱，好看又好吃！

做法

1. 甜椒和洋葱下沸水焯烫片刻捞出。

2. 甜椒切小丁，洋葱切丝，鳕鱼肠切片，圣女果对半切开。

3. 虾仁放入沸水中煮3分钟，熟后捞出沥水备用。

4. 把挂面放入沸水中煮熟后捞出沥干。挂面不要煮太久，因为下一步还要煎制。面条中打入1个鸡蛋拌匀，有利于成形。

5. 平底不粘锅小火烧热，刷适量油，把面条鸡蛋糊倒入平底锅中，摊成圆饼，保持小火。

6. 把甜椒和洋葱撒在面条饼上，再摆上圣女果和鳕鱼肠，然后放上虾仁。

7. 撒上马苏里拉奶酪碎，盖上锅盖，把奶酪焖化，食材熟透就可以出锅了。

圣诞花环与圣诞树沙拉

⏳ 30分钟　　👨‍🍳 中等

用料

鸡蛋1个　|　秋葵2根　|　西蓝花1小朵　|　玉米1小截　|　圣女果5个　|　樱桃萝卜2个

苦苣、圆生菜、紫甘蓝各几片　|　海苔、沙拉酱或沙拉汁各适量

做法

1. 把秋葵表面茸毛洗净；西蓝花洗净、切成小朵；玉米剥好。

2. 把秋葵、西蓝花和玉米粒下沸水焯熟，捞出沥干水分，可以过一下凉水，会更爽脆。

3. 所有蔬菜洗净。秋葵去蒂、切小段；鸡蛋煮熟、切块；圣女果对半切；樱桃萝卜切片；圆生菜和紫甘蓝切丝；苦苣去掉根部。

4. 取一个圆盘，把绿色蔬菜围一圈。

5. 其余蔬菜间隔交错放在蔬菜环上，然后在花环沙拉的顶部中间放一个蝴蝶结。

6. 用海苔剪出圣诞树的树干，西蓝花摆在最下面一层，然后用各种食材一层层摆出圣诞树造型，顶部放一片秋葵即可。

7. 吃的时候拌上你喜欢的沙拉酱或沙拉汁就可以啦！

 烹饪秘籍

蔬菜可以随心搭配，还可以加入坚果哦。

蔬菜沙拉我们再熟悉不过了，做法也很简单，只要在摆盘上花点心思，就可以把它变成美美的圣诞花环沙拉和圣诞树沙拉，节日气氛十足！

碧根果蔬菜沙拉 健脑益智

⏳ 20分钟　　👨‍🍳 简单

用料

圆生菜30克　｜　紫甘蓝30克　｜　苦苣30克
黄瓜30克　｜　圣女果6颗　｜　碧根果若干
橄榄油1汤匙　｜　黑醋1汤匙　｜　蜂蜜1汤匙
黑胡椒粉1茶匙　｜　盐少许

做法

1. 烤箱预热170℃，把碧根果放入烤盘烤10分钟。

2. 烤碧根果的同时，把蔬菜洗净，甩干水分。把苦苣、圆生菜、紫甘蓝分别切丝。

3. 黄瓜切片，圣女果对半切。碧根果烤好后，留3个装饰，其余的用手掰碎。

4. 把橄榄油、黑醋、蜂蜜、黑胡椒粉和盐拌成油醋汁。

5. 把油醋汁倒入切好的蔬菜中拌匀，装盘。最后撒上碧根果碎即可。

 烹饪秘籍

1. 碧根果烤过之后更香脆，不烤也可以。

2. 这款家庭版的油醋汁适用于各种蔬菜沙拉，也可以换成自己喜欢的沙拉汁。

缤纷香醋蔬菜沙拉 健康减脂

⏳ 25分钟　　👨‍🍳 简单

用料

胡萝卜半根　｜　西蓝花适量　｜　苦苣适量
紫甘蓝4片　｜　圣女果5个　｜　白醋1汤匙
橄榄油1汤匙　｜　蜂蜜适量
黑胡椒粉、盐、油各少许

做法

1. 蔬菜洗净，甩干水分，分别切好。

2. 锅里烧开水，加入少许盐和油，把西蓝花和胡萝卜下沸水焯熟。

3. 西蓝花和胡萝卜沥干，放入沙拉碗。把其余的蔬菜都放入沙拉碗。

4. 加白醋、橄榄油、适量蜂蜜、少许盐、少许黑胡椒粉拌匀，装盘后就可以吃啦。

 烹饪秘籍

还可以加入生菜、黄瓜、玉米粒等，用你喜欢的蔬菜自由搭配。

鸡胸肉冰草沙拉

⏳ 30分钟　　👨‍🍳 简单

用料

鸡胸肉1块　｜　生抽1汤匙　｜　料酒1汤匙
淀粉1汤匙　｜　黑胡椒1克　｜　橄榄油适量
苦苣35克　｜　圣女果5个　｜　紫甘蓝60克
乳黄瓜半根　｜　冰草40克　｜　柠檬3片
蜂蜜油醋汁适量

做法

1. 鸡胸肉洗净切成丁，加入1汤匙生抽、1汤匙料酒、1汤匙淀粉、1克黑胡椒抓匀后腌制15分钟。

2. 锅里热油，下鸡胸肉煎至金黄熟透，盛出备用。

3. 所有蔬菜洗净，甩干水分。圣女果对半切，紫甘蓝切成丝，乳黄瓜切成片，冰草择好，柠檬切片。

4. 把除了柠檬以外的食材放入料理碗，倒入蜂蜜油醋汁拌匀各种食材。

5. 装盘，摆上柠檬片。吃的时候把柠檬汁挤上即可。

 烹饪秘籍

柠檬一起搅拌也可以，为了摆盘好看才最后放。也可以换成小青柠，对半切即可。

烤鸡胸肉蔬菜沙拉

⏳ 20分钟　　👨‍🍳 简单

用料

鸡胸肉1/2块　｜　生姜4片　｜　大蒜2瓣
料酒2汤匙　｜　生抽2汤匙　｜　黑胡椒粉适量
橄榄油、沙拉汁各适量　｜　圣女果若干
什锦蔬菜粒小半碗　｜　芝麻菜1小把

做法

1. 鸡胸肉洗净，从中间最厚处切开，用肉锤或刀背拍打一下。用姜蒜、料酒、生抽、黑胡椒粉抓匀，按摩片刻，盖上保鲜膜腌制2小时或入冰箱隔夜。

2. 洗净的圣女果对半切好。什锦蔬菜粒焯水后沥干。三明治机预热好，上下盘都刷上橄榄油，油热后放入鸡胸肉。盖好三明治机，热压5分钟。

3. 各种蔬菜摆盘，圣女果围上一圈，盘子中间放入烤好的鸡胸肉，磨上黑胡椒碎，吃时把鸡胸肉切小块，淋上沙拉汁即可。

烹饪秘籍

用肉锤或刀背拍打一下鸡胸肉，这样更容易入味。鸡胸肉用平底锅两面煎熟也可以。

藜麦鸡蛋蔬菜沙拉

⏳ 25分钟　　🍳 简单

藜麦和燕麦、高粱、黑麦一样，是膳食指南推荐大家吃的全谷物食物之一，它作为一种藜科植物，其蛋白质含量与牛肉相当，品质也不亚于肉源蛋白质与奶源蛋白质。作为"一食多能"的藜麦，值得品尝。

用料

三色藜麦50克　｜　鸡蛋1个　｜　圣女果6个
樱桃萝卜2个　｜　黄瓜1/3根　｜　苦菊1小把
圆生菜3片　｜　紫甘蓝3片

油醋汁配方

橄榄油1汤匙　｜　苹果醋2汤匙
生抽1汤匙　｜　蜂蜜1汤匙　｜　黑胡椒粉适量

做法

1. 三色藜麦洗净用清水浸泡1小时，然后沥干水分，放入蒸箱或蒸锅，蒸15分钟，把藜麦蒸熟，同时把鸡蛋也蒸熟，切成小块备用。

2. 把各种蔬菜洗净，红色和橙色圣女果分别切成1/4的小块，黄瓜切片，樱桃萝卜切片，圆生菜和紫甘蓝切丝，苦菊去掉根部。

3. 调配油醋汁：碗里加1汤匙橄榄油、2汤匙苹果醋、1汤匙生抽、1汤匙蜂蜜、少许黑胡椒粉拌匀。

4. 把所有的蔬菜放入大沙拉碗，放入蒸好的三色藜麦。

5. 在沙拉碗中倒入调配好的油醋汁，搅拌均匀。

6. 把拌好的沙拉装入盘中，放上鸡蛋块，鸡蛋不放入碗中一起搅拌是为了防止蛋黄和蛋白分离，蛋黄粘到蔬菜上影响成品颜值。

烹饪秘籍

配菜可以根据自己喜欢的蔬菜来搭配，比如胡萝卜、西蓝花、芝麻菜等。

藜麦虾仁蔬菜沙拉

⏳ 35分钟　　🍳 简单

藜麦的升糖指数低，饱腹感强。虾仁清淡爽口，营养价值高，口感爽滑弹牙，色泽红润，与三色藜麦、红橙黄绿蔬菜搭配，不仅五彩缤纷、颜色好看，还营养丰富、低脂吃不胖，小仙女们快点学起来！

用料

虾仁6个　|　料酒1汤匙　|　生抽1汤匙
黑胡椒粉适量　|　三色藜麦3汤匙
玉米粒1/3个　|　芝麻菜1小把
圣女果（红、橙）若干　|　焙煎芝麻酱适量
苏打粉1茶匙

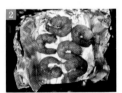

做法

1. 三色藜麦洗净浸泡1小时，玉米剥好粒，一起上锅蒸15分钟至熟。

2. 虾仁洗净后加入1汤匙料酒、1汤匙生抽和适量黑胡椒粉抓匀，腌制半小时。

3. 把腌制好的虾仁放入空气炸锅，180℃烤10分钟。

4. 把圣女果和芝麻菜放入水中，加1茶匙苏打粉浸泡5分钟后用流水洗净。小苏打可以中和酸性的农药，让其溶于水中。

5. 把圣女果对半切。

6. 把熟藜麦、玉米粒、烤虾仁、圣女果、芝麻菜一起放入料理碗，加入适量焙煎芝麻酱，所有食材拌匀后装盘即可食用。

烹饪秘籍

虾仁可以用烤箱烤，也可以用平底锅煎，食材可以根据自己喜欢的蔬菜来搭配。

泰式鲜虾牛油果沙拉

⏳ 30分钟　　👨‍🍳 简单

用料

鲜虾12只左右　│　西柚1/2个　│　橙子1个　│　芒果1个　│　圣女果（小）10个左右
腰果6个　│　柠檬2片　│　薄荷叶适量　│　泰式菠萝沙拉酱适量

做法

1. 准备好食材。鲜虾去头去壳，挑去虾线，取虾仁；各种水果、薄荷叶洗净备用。

2. 把西柚剥出果肉，橙子去皮切好。

3. 把芒果的皮用削皮刀削掉，先对半切开，再切成片。

4. 圣女果对半切好，腰果放入保鲜袋用擀面杖碾碎备用。

5. 把虾仁和柠檬片放入沸水中，虾仁煮熟后捞出沥水。

6. 把所有食材放入料理盆，加入薄荷叶。

7. 倒入适量泰式菠萝沙拉酱，用勺子拌匀。注意动作不要太用力，避免把水果片的形状破坏。

8. 拌好的沙拉装盘，最后撒上腰果碎即可。

烹饪秘籍

食材也可以根据自己的喜好来搭配，如果没有泰式菠萝沙拉酱，也可以换成自己喜欢的沙拉汁或沙拉酱，或者自己调配泰式酸辣酱。

虾仁，高蛋白质低脂
肪，所以经常被列入减肥餐
单中。它的营养价值高、味道
鲜甜可口，把虾仁和各种水果搭
配在一起做成沙拉，酸、甜、
辣、鲜融合在一起，满满的
泰式风情。

三文鱼蔬菜沙拉

降胆固醇　适合做便当

⏳ 25分钟　👨‍🍳 简单

将风味独特的三文鱼煎好，再搭配五颜六色的蔬菜，拌上自制油醋汁，既补充每天必需的营养元素，又能避免摄入过多热量，颜值也特别高！

用料

三文鱼125克　|　圆生菜2片　|　紫甘蓝2片
黄瓜1/2根　|　圣女果6个　|　樱桃萝卜适量
苦菊适量　|　橄榄油适量　|　苹果醋2汤匙
生抽1汤匙　|　蜂蜜1汤匙　|　盐1茶匙
黑胡椒粉适量

做法

1. 三文鱼洗净切块，加盐和黑胡椒粉，用手轻轻抓匀，腌制15分钟。

2. 把所有的蔬菜洗净，甩干水分，圆生菜和紫甘蓝切成丝，黄瓜切成丁，圣女果对半切，樱桃萝卜切成片，苦菊去掉根部。

3. 平底锅中放入少许橄榄油，放入腌制好的三文鱼，煎至金黄后盛出。

4. 调配油醋汁：碗里加1汤匙橄榄油、2汤匙苹果醋、1汤匙生抽、1汤匙蜂蜜、少许黑胡椒粉拌匀。

5. 在沙拉盘中底部先铺上叶菜，接着放上黄瓜丁、圣女果和樱桃萝卜，再放入煎好的三文鱼块。

6. 最后淋上调好的油醋汁，拌匀后即可食用啦！

烹饪秘籍

三文鱼也可以用柠檬片腌制去腥。沙拉里的蔬菜可以自由搭配，牛油果和三文鱼也是一个不错的搭配哦！

彩虹沙拉

促进
代谢

⏳ 25分钟　　🍴 简单

扫码看视频
轻松跟着做

蔬菜沙拉是一种非常营养健康的饮食方法。它不必加热，最大限度地保持住蔬菜中的各种营养成分不被破坏或流失，还可以缓解脾胃虚弱、神疲倦力的症状。彩虹沙拉，养颜又养眼，好看的沙拉会让我们的心情也变得美好起来。

用料

圣女果5～7个　|　胡萝卜20克　|　玉米15克
豌豆15克　|　黄瓜15克　|　紫甘蓝10克
吐司片1片　|　沙拉汁20毫升

做法

1. 把胡萝卜、黄瓜去皮切丁，紫甘蓝洗净切成小片，圣女果、豌豆洗净，玉米粒剥好。

2. 把圣女果对半切。

3. 把胡萝卜丁、玉米粒、豌豆下沸水焯熟。

4. 焯好后过一下凉水，保持爽脆，且保持颜色鲜艳。然后沥干水。

5. 把各种颜色的蔬菜如图摆成彩虹的形状。

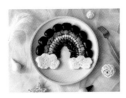

6. 把吐司片剪成云朵的形状，摆在彩虹的两端即可。

烹饪秘籍

彩虹沙拉吃的时候拌入你喜欢的沙拉汁或沙拉酱即可。

小清新饭团

⏳ 20分钟　　🍴 简单

饭团做法简单，携带方便，无论是作为早餐还是当作午餐便当都很合适，外出郊游更是首选。在饭团上点缀几朵洋甘菊，白色的条形小花瓣围着黄色的花蕾，像极了可爱的笑容，让饭团看起来既清新又文艺。

用料

大米160克 ｜ 清水适量 ｜ 胡萝卜35克
豌豆35克 ｜ 玉米35克 ｜ 火腿肠1根
寿司醋适量 ｜ 洋甘菊适量

烹饪秘籍

饭团中间还可以包入肉松、奶酪、咸蛋黄等馅料，如果包了奶酪，吃之前可以用烤箱烤5分钟，或者用微波炉"叮"1分钟，让奶酪化开，口味更好。

做法

1. 大米160克淘洗干净放入电饭煲，加入清水高出米面1厘米左右，按下煮饭键把米饭煮好。

2. 米饭煮好后，把米饭打松，趁热将寿司醋均匀地淋在米饭上拌匀，不要用力压饭粒，尽量保持饭粒的完整。

3. 玉米粒剥好，豌豆洗净，胡萝卜去皮切小丁，火腿肠切碎。

4. 把豌豆、玉米和胡萝卜丁下沸水焯熟，然后捞出沥干水分备用。

5. 把煮熟的豌豆、玉米粒、胡萝卜丁和火腿碎一起倒入米饭中搅拌均匀。

6. 取一张保鲜膜，中间加入60克拌好的米饭。

7. 借助保鲜膜把米饭裹紧揉圆。

8. 揭掉保鲜膜，用同样的方法把剩余的米饭都裹成饭团，最后用洗净的洋甘菊点缀即可。

杂蔬奶酪三角饭团

⏳ 30分钟　　👨‍🍳 简单

五彩缤纷的杂蔬饭团，搭配香浓的奶酪，挤上番茄酱和沙拉酱，不仅颜值高，而且好吃到爆！如果家里有挑食不吃蔬菜的小朋友，这招特别灵，因为把蔬菜切碎了他们也没法挑了哦！

用料

米饭1大碗　｜　西蓝花50克　｜　玉米粒30克
胡萝卜半根　｜　火腿肠1根　｜　熟黑芝麻1茶匙
奶酪片、焙煎芝麻沙拉汁、番茄酱、沙拉酱
各适量

做法

1. 西蓝花切小朵、胡萝卜切片、玉米粒剥好后一起放入沸水中焯熟，捞出沥干。

2. 火腿肠、西蓝花和胡萝卜分别切碎，把所有配菜倒入米饭中，加熟黑芝麻及焙煎芝麻沙拉汁调味拌匀。

3. 把拌好的米饭装入三角饭团模具，用力压好，避免散开。也可以用保鲜膜裹好饭团。

4. 烤箱预热180℃。把三角饭团放在铺了锡纸的烤网上，把奶酪片按"田"字切成4片，放在饭团上。

5. 把番茄酱和沙拉酱分别装进裱花袋，也可装进保鲜袋的两个角上。底部剪一个小口，把番茄酱和沙拉酱挤到奶酪面上。

6. 烤盘放入烤箱中层，180℃烤5~6分钟，因为饭团里的所有食材都是熟的，这一步把奶酪烤软即可。

 烹饪秘籍

1. 煮米饭时可以适量加一些糯米，增加黏性，有利于饭团成形。

2. 如果想把饭团放入便当盒当作午餐，需要用保鲜膜包好，这样即使便当盒摇晃也不容易散开。

午餐肉杂粮饭团

通便排毒　适合做便当

⏳ 20分钟　　👨‍🍳 简单

杂粮中富含膳食纤维，可有效促进肠道蠕动，帮助通便排毒，减少人体内毒素和废物的堆积，对减肥有一定帮助，加上新鲜的蔬菜和诱人的午餐肉，简直完美！

用料

十谷米100克 ｜ 大米50克 ｜ 生菜3片
番茄2片 ｜ 午餐肉2片 ｜ 肉松适量

做法

1. 十谷米和大米洗净，入电饭煲，加适量清水，水面高出米面1指节（约2厘米），选择"杂粮饭"程序，煮好后放凉至手温。

2. 生菜洗净、甩干水分；番茄洗净、切片；午餐肉切条。

3. 午餐肉条下锅煎，中火煎3~5分钟，把各面煎至焦脆。

4. 铺一张保鲜膜，按照杂粮饭、生菜叶、番茄片的顺序铺好，再撒上肉松。

5. 接着放入午餐肉条，再盖上一片生菜、铺一层杂粮饭，这样卷起来后截面比较完整好看。利用保鲜膜把饭团裹起来，从中间切开即可。

烹饪秘籍

1. 午餐肉已经非常鲜美，还加了肉松，就不用另外添加酱料了，也可以加入黄瓜、胡萝卜等你喜欢的蔬菜。

2. 用保鲜膜裹饭团时，一定要裹紧哦，不然吃的时候容易散开。

午餐肉炒蛋饭团

补充能量　适合做便当

⏳ 15分钟　👨‍🍳 简单

用料

米饭1小碗 ｜ 鸡蛋2个 ｜ 午餐肉1片
黄瓜1段 ｜ 寿司海苔1片 ｜ 奶酪片1片
番茄酱适量 ｜ 蛋黄酱适量 ｜ 植物油适量

烹饪秘籍

还可以加入你喜欢的各种配菜，如生菜、胡萝卜、肉松等。记住午餐肉摆放的方向，切的时候从午餐肉长的一边中间切开，这样切面会比较好看，如果是出去野餐或者是上班带饭，就可以不用切啦！

饭团之所以受欢迎，是因为人们不仅追求口感，还越来越重视健康。大部分速食食品的热量都非常高，而饭团的主要成分是大米与海苔，而且大小适中，不易导致发胖。

做法

1. 鸡蛋打散，炒锅里热油，下入蛋液，翻炒至熟，盛起备用。

2. 午餐肉切成片，厚度1厘米左右，煎制片刻。

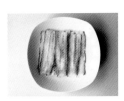

3. 黄瓜切成薄片，可以用刨皮器来削。

4. 取一张比寿司海苔大一些的保鲜膜，放上寿司海苔，中间放上一半米饭，整成方形，压平，挤上番茄酱。

5. 依次铺上一层炒蛋，盖上奶酪片，放上午餐肉、黄瓜片，挤上蛋黄酱，盖上剩下的米饭。

6. 借助保鲜膜，把海苔的四个角折起，包住米饭。

7. 四个角多余的部分也折起，用保鲜膜裹成一个方形饭团，吃的时候从中间切开即可。

豆腐全麦荷兰松饼

⏳ 30分钟　　🍳 简单

用料

全麦粉30克　|　内酯豆腐130克　|　牛奶60毫升　|　鸡蛋1个　|　泡打粉2克
代糖10克　|　植物油少许　|　水果适量　|　糖霜少许

做法

1. 烤箱220℃预热10分钟，5分钟的时候放入铸铁锅一起预热。

2. 把内酯豆腐捣碎。

3. 牛奶、鸡蛋和代糖放入捣碎后的豆腐中混合搅拌均匀。

4. 蛋奶液中加入全麦粉和泡打粉混合均匀，搅拌成顺滑无结块的面糊。

5. 预热好的铸铁锅刷一层油防粘。

6. 把全麦糊倒入铸铁锅。

7. 放入烤箱220℃烤20分钟即可。

8. 烤好的松饼上放上喜欢的水果，筛上糖霜即可。糖霜主要是起装饰作用，不加也可以。

烹饪秘籍

1. 荷兰松饼在烤箱里烘烤的时候会鼓起来，烤好后中间会塌陷，这是正常现象。

2. 可以在松饼上放各种喜欢的水果，淋上酸奶或蜂蜜都可以。

3. 也可以把糖换成盐，搭配煎蛋、火腿或培根等，做成咸口的也不错，大家试试吧！

与"拜托了冰箱"综艺节目同款的豆腐全麦荷兰松饼，无糖无油，无须打发鸡蛋，无须发酵，零厨艺也能做！低脂高蛋白质，低卡又饱腹，还可搭配各种水果，高颜值又健康，作为小仙女们的低脂早餐再合适不过啦。

麦香花环松饼

补充矿物质
促进消化

⏳ 40分钟　　👨‍🍳 简单

用料

全麦粉50克 ｜ 低筋面粉50克 ｜ 泡打粉5克 ｜ 细砂糖30克 ｜ 鸡蛋1个

玉米油20毫升 ｜ 纯牛奶100毫升 ｜ 草莓、蓝莓、青提、猕猴桃适量 ｜ 糖霜少许 ｜ 薄荷叶若干

做法

1.把全麦粉、低筋面粉、泡打粉和细砂糖混合均匀。

2.把鸡蛋、玉米油和纯牛奶混合均匀。

3.把步骤2的液体混合物倒入步骤1的粉状混合物中，搅拌成顺滑无结块的面糊。

4.平底锅烧热，保持小火，用勺子舀起面糊滴落在平底锅中，自然形成圆形的饼状。

5.松饼表面出现气泡时翻面，煎至两面金黄即可。把所有的面糊煎完。

6.把草莓、青提对半切好；猕猴桃削皮切成片。

7.把煎好的小松饼摆成环形。

8.松饼环上间隔码上各种水果，放上点缀的薄荷叶，筛上糖霜，完成。

烹饪秘籍

糖量可以根据自己的口味增减，水果可以换成喜欢的各种水果。糖霜起装饰作用，可以不撒。

这道早餐颜色鲜艳、营养丰富，吃起来口感香软、甜而不腻，作为早餐或小点心都是非常不错的选择。

双莓可可松饼

均衡营养

⏳ 30分钟　　👨‍🍳 简单

松饼可以保存空气并随着空气的张力而膨胀，但又不致破裂。早餐不知道要吃什么的时候，松饼是一个不错的选择，快手、百搭、好吃还管饱，搭配新鲜的水果，开启元气满满的一天！

用料

低筋面粉90克	可可粉10克	泡打粉5克
细砂糖30克	鸡蛋1个	黄油20克
纯牛奶100毫升	草莓适量	蓝莓适量

糖粉适量

做法

1. 把低筋面粉、可可粉、泡打粉和细砂糖称好重量，混合后过筛备用。

2. 另取一个盆，把鸡蛋、融化的黄油和牛奶混合拌匀。

3. 把液体混合物倒入粉状混合物中，用翻拌的手法把面糊拌匀至顺滑没有结块。

4. 多功能锅预热后，把面糊倒入6英寸①圆盘中，也可以用不粘锅，把面糊舀起一大汤匙，从高处滴落，能自然形成圆形。

5. 待表面出现大气泡破裂的时候，翻面，盖上盖子再煎3分钟。因为饼比较厚，煎的时间长，如果饼比较薄，可以适当减少时间。

6. 草莓洗净、切块，和洗净后的蓝莓一起放在松饼上，然后撒上糖霜即可。

烹饪秘籍

可可粉可以换成抹茶粉、紫薯粉等，做出不同颜色、不同口味的松饼，替换成低筋面粉就是原味的松饼。水果也可以换成各种你喜欢的水果，搭配蜂蜜或枫糖、冰激凌，都很不错哦！

① 1英寸=2.54cm

无油无糖香蕉松饼 润肠通便

⏳ 25分钟　　👨‍🍳 简单

用料

香蕉1根　|　鸡蛋1个　|　牛奶80毫升
低筋面粉70克　|　蓝莓、草莓、糖霜各适量

采用天然健康的食材，不加糖、不加盐、不用油，没有添加泡打粉，搭配坚果和水果，健康减脂的早餐开启美好新一天。健康无添加而且松软，小宝宝也可以放心食用。

烹饪秘籍

1. 蛋清打到湿性发泡，就是提起打蛋头能拉出大的弯角，不要打得太过了。

2. 搅拌蛋清时要用翻拌，也就是炒菜的动作，不能划圈搅拌。

3. 这个方子无糖，依靠香蕉的甜味，可以选择比较熟的香蕉，口感会比较甜，最后也可在松饼上淋上蜂蜜。

做法

1. 准备好食材，香蕉切成段，鸡蛋的蛋黄和蛋清分离。

2. 把香蕉、蛋黄和牛奶放搅拌机里打匀。也可以把香蕉捣成泥，用手动打蛋器把三种食材打匀。

3. 把搅拌好的香蕉糊倒进盆里，筛入低筋面粉。

4. 把香蕉糊和面粉搅拌成顺滑的面糊。

5. 蛋清用电动打蛋器打至湿性发泡，提起打蛋头，蛋清呈小弯钩状。

6. 分两次把蛋清加入香蕉面糊中，上下翻拌，不要划圈搅拌，避免消泡，翻拌成蓬松的面糊。

7. 不粘锅加热，用大汤匙舀起面糊，从高处（约30厘米处）滴落，面糊会自然形成圆形的饼状，每汤匙面糊的量要一样多，让每张饼保持一样的大小。

8. 全程小火慢煎，待饼面有大气泡出现时翻面，两面煎至凝固即可。全部煎好后，把松饼叠起来，然后用切开的草莓和蓝莓装饰，撒上糖霜即可。

香蕉燕麦华夫饼 降低胆固醇

⧖ 20分钟　　☞ 简单

用料

香蕉2根　|　鸡蛋4个　|　即食燕麦100克　|　浓稠酸奶适量

猕猴桃、橙子、草莓、蓝莓各适量　|　南瓜子、果干等各适量　|　食用油少许

做法

1. 香蕉去皮切片,加入鸡蛋和即食燕麦片。

2. 先把香蕉用叉子压成泥,再把所有食材混合成糊状。

3. 早餐机装好华夫饼盘,刷一层油,预热30秒,舀入香蕉燕麦糊。

4. 盖好早餐机,加热3~5分钟,华夫饼就做好了。

5. 把剩余的香蕉燕麦糊做完,把华夫饼翻一面放,格子会更明显。

6. 猕猴桃去皮,切成小扇形,摆放到华夫饼上,再撒上即食燕麦。

7. 切出扇形的橙子片,摆到华夫饼中间,撒上即食燕麦和果干。

8. 沿华夫饼的对角线挤上半边酸奶,然后用草莓片、蓝莓、猕猴桃片、南瓜子和果干装饰。

烹饪秘籍

1. 燕麦要用即食的,否则可能不熟。

2. 这款华夫饼的口感稍微有些粗糙,但搭配酸奶和各种水果后口感还是不错的,华夫饼上的装饰可以根据自己的喜好自由发挥!

无糖、无面粉的华夫饼你
吃过吗？这款华夫饼就是健康
和美味的结合。燕麦片具有促进
肠胃蠕动的作用，而且具有极佳
的吸水性和饱腹感，可减少食
物摄入量。

香芋华夫饼

补充能量

⏳ 120分钟　☺ 中等

用料

面团部分：

| 高筋面粉140克 | 牛奶55毫升 | 全蛋液15毫升 | 白糖30克 | 干酵母2克 | 盐2克 | 黄油20克 |

馅料部分：

| 荔浦芋头150克 | 紫薯50克 | 炼乳适量 |

做法

1. 把面团部分的食材放入厨师机，揉成光滑的面团，盖好保鲜膜，放在温暖处发酵。

2. 面团发酵时制作馅料。把荔浦芋头和紫薯去皮、切块，放入蒸箱或蒸锅蒸15分钟。

3. 把芋头和紫薯放入碗中，加入适量炼乳调味，借助工具（我用的捣蒜杵）捣成泥，如果想要更加细腻顺滑，可以借助料理机搅拌。

4. 面团发酵至两倍大，取出按压排气。

5. 把面团平均分成6份，分别揉圆。

6. 取一个面团擀圆，中间放上芋泥馅，约30克。

7. 把芋泥馅包好，收口捏紧，收口向下，揉圆。

8. 全部包好后盖上保鲜膜松弛10分钟。

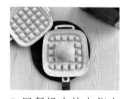

9. 早餐机中放入华夫饼盘，预热好后取出，把芋泥包放在华夫饼盘中烤制5分钟。用同样的方法把剩余的芋泥华夫饼都烤好。

烹饪秘籍

馅料里的紫薯主要是为了调色，也可以全部用紫薯或芋头来做馅料，还可以包入豆沙、肉松及沙拉酱等。

华夫饼源于比利时，用配有专用烤盘的烤炉制成。一般的华夫饼口感类似蛋糕，不过今天给大家介绍的这款香芋华夫饼口感类似面包，外脆里软的面饼包入香滑的香芋馅，真是太好吃了，放久也不会变硬！

花生酱华夫饼

⏳ 20分钟　　🥄 简单

加入了花生酱的华夫饼，含有矿物质元素和大量的B族维生素，营养更丰富，香味浓郁，而且做法特别简单，连过筛和搅拌的步骤都可以省略。

用料

低筋面粉50克　|　无铝泡打粉2克　|　鸡蛋1个
花生酱15克　|　牛奶50毫升　|　食用油适量

做法

1. 准备好食材，低筋面粉和无铝泡打粉混合好。

2. 把所有食材放入料理机。

3. 启动料理机，把所有食材搅拌成顺滑的面糊。

4. 华夫饼机刷一层油，预热好。

5. 把面糊用大勺舀入华夫饼盘中间，盖好盖子，热压3分钟左右。

6. 接着把剩余面糊用完，然后摆盘，用花瓣装饰一下，美美哒。

烹饪秘籍

这个方子是4个的量，如果想多做几个，把方子的量翻倍即可。没有额外加糖，成品不会很甜，如果喜欢甜一些的，可以根据自己的口味加入零卡糖。

红心火龙果香蕉热卷饼

改善情绪

⏳ 30分钟　　👨‍🍳 简单

香蕉是人们喜爱的水果之一，欧洲人因它能解除忧郁而称它为"快乐水果"。香蕉又被称为"智慧之果"，含有被称为"智慧之盐"的磷，是相当好的营养食品。

用料

牛奶45毫升　｜　红心火龙果75克
低筋面粉45克　｜　黄油10克　｜　细砂糖20克
全蛋液25毫升　｜　香蕉适量

做法

1. 把除香蕉以外的食材放入破壁机，打成细腻的糊，过筛，盖上保鲜膜，入冰箱静置30分钟以上。

2. 静置好的面糊倒入配套的盘里，薄饼铛预热。

3. 薄饼铛预热好后，用烙饼的一面蘸一下面糊，然后翻过来烤制片刻。

4. 表面起大泡泡时就可以揭下来。把面糊全部煎好放凉。

5. 取一片薄饼，光面朝下，香蕉去皮，卷进薄饼里。

6. 斜着切成小段，然后装盘即可。

烹饪秘籍

如果没有薄饼机，可用平底不粘锅煎，面糊不要倒太多，薄薄一层即可。这款薄饼也可以做班戟、千层或毛巾卷，很好吃哦。

爆浆奶酪红薯燕麦饼

排毒
通便

⏳ 30分钟　👨‍🍳 简单

红薯的热量只有同等重量大米的三分之一，而且几乎不含脂肪和胆固醇。燕麦中的膳食纤维可以刺激肠胃蠕动，预防便秘，并能加强人体的排毒功能。

用料

红薯170克　|　鸡蛋1个　|　即食燕麦片60克
低脂奶酪片2片　|　食用油少许

做法

1. 红薯去皮，切片，蒸熟。每片奶酪片平均切成4小片。

2. 把红薯捣成泥，加入鸡蛋、即食燕麦片，三种食材混合均匀。

3. 取60克左右的红薯燕麦泥揉圆，按成饼状，中间放入2小片低脂奶酪片。

4. 用红薯燕麦泥裹住奶酪片，揉成饼状，四周滚一圈燕麦片。

5. 平底锅刷油，把红薯饼煎至两面金黄即可。成品的口感是软软的，并不是脆的哦。

烹饪秘籍

红薯蒸好后水分比较多，鸡蛋的大小也不一致，所以食谱里燕麦的量不是固定的。如果红薯泥感觉比较粘手，可以再加入适量燕麦片或者全麦粉，调整到不粘手的程度。

饺子皮葱油饼

⏳ 15分钟　🍽 简单

包饺子剩了皮怎么办？简单几步就可以变身美味葱油饼，当作早餐再合适不过。

用料

饺子皮10张　|　盐少许　|　葱花适量
食用油适量

做法

1. 在饺子皮上刷一层油，撒上一些盐，铺上一层葱花。

2. 盖上另一张饺子皮。

3. 继续在饺子皮上刷一层油，撒上一些盐，铺上一层葱花。

4. 重复上述步骤，一共叠了五张饺子皮。

5. 然后用擀面杖擀薄。

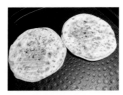

6. 电饼铛预热后刷一层油，把做好的葱油饼放进去烙，烙至两面金黄即可。

烹饪秘籍

盐每层撒一点点就行，或者隔一层撒一点，避免放多了太咸；再撒一些芝麻也不错。

鳕鱼土豆饼

⏳ 40分钟　　👨‍🍳 简单

用料

胡萝卜15克　|　鳕鱼40克　|　土豆100克　|　面粉10克　|　黄油6克　|　番茄酱适量　|　柠檬片少许

做法

1. 把胡萝卜切碎，土豆切成小丁。

2. 把胡萝卜和土豆放入蒸箱或蒸锅，蒸15~20分钟，蒸至胡萝卜和土豆软烂。

3. 蒸土豆的时候，把鳕鱼切成小块，用柠檬汁腌制15分钟，给鳕鱼去去腥。没有柠檬的话，可以用姜片加温水，同样可以起到去腥的效果。

4. 鳕鱼块腌制好之后，放入料理机打成鳕鱼泥。

5. 土豆蒸好后，碾成细腻的土豆泥。

6. 把鳕鱼泥、胡萝卜碎、面粉加入土豆泥中，把所有食材混合均匀。

7. 然后捏成你喜欢的形状，我捏成了小椭圆形，每个18克左右。

8. 锅中放入黄油，再把小鱼饼放入锅中小火慢煎，煎至底部定形，然后轻轻地翻个面继续煎。两面煎至金黄即可，吃的时候可以挤上番茄酱。

烹饪秘籍

1. 鱼饼泥如果太粘手不好成形的话，可以再适量加一些面粉进行调节。

2. 鱼饼不要做得太厚，要不然不容易熟透。

3. 因为土豆和胡萝卜已经蒸熟了，鱼肉和面粉是很容易熟的，稍微煎一会儿就可以了。

鳕鱼的优质蛋白质含量非常高，低脂肪的同时含有维生素A、维生素D以及维生素E，并且鱼刺极少。这样一盘鱼饼，既有能饱腹的主食土豆和面粉，又有蔬菜，外酥内软，口感特别棒！

IN THE MEMORIES

培根豌豆
土豆饼

⏳ 20分钟　👨‍🍳 简单

睡前把土豆洗好，放入高压锅或电饭煲，预定好时间，早上起床土豆就蒸好了，然后开始做这道培根豌豆土豆饼，简单快手又好吃，蘸番茄酱太美味啦！

用料

土豆1个　｜　培根3片　｜　豌豆1把
面粉1汤匙　｜　胡椒粉少许　｜　食用油适量

做法

1. 土豆蒸熟，去皮，捣成泥；培根切碎。

2. 锅里烧水，把豌豆焯熟，捞出沥干水分。

3. 把土豆泥、培根碎、豌豆放到一个大碗里，加1汤匙面粉、少许胡椒粉，这里我没加盐，因为培根已经很咸了。

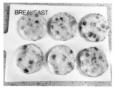

4. 把所有食材揉成团。分成45克左右一个的小团，揉圆按扁，做成饼状。

5. 电饼铛或平底锅预热，刷一层油，把土豆饼放进去煎，两面煎至金黄即可。

 烹饪秘籍

1. 用电饼铛的话，不要盖上盖煎，和平底锅一样，翻面煎即可。因为土豆饼很软，盖上盖会把土豆饼压得很扁，不好看。

2. 除了面粉，别的食材都是熟的，面粉也熟得快，所以土豆饼不需要煎太久。

土豆蟹柳鸡蛋饼

⏳ 30分钟　　🍳 简单

土豆在根茎类食物中热量算是低的，远低于红薯、山药等，且富含膳食纤维，食用后有饱腹感，所以非油烹饪后的土豆是非常好的减肥食品。搭配低脂的蟹味棒做成饼，鲜香可口，一上桌就被抢光啦！

用料

土豆1个（约300克）｜ 蟹味棒4条

鸡蛋2个 ｜ 小葱1棵 ｜ 盐1茶匙

生抽1汤匙 ｜ 面粉2汤匙 ｜ 食用油适量

做法

1. 蟹味棒解冻，撕成丝；土豆洗净、去皮，擦成丝；小葱洗净，切葱花。

2. 土豆丝中加入蟹柳丝，打入鸡蛋，加入葱花、盐、生抽和面粉，混合均匀。

3. 多功能锅用六圆盘，预热好后，刷一层油。

4. 把拌好的食材填入圆盘，用中火煎制。

5. 底部煎至定形后，翻面，两面都煎成金黄色即可。

烹饪秘籍

如果没有多功能锅，直接用平底锅就可以，摊成圆形即可。土豆中还可以加入胡萝卜丝、豌豆粒等蔬菜，营养更丰富。

胡萝卜鸡蛋牛奶煎饼

⏳ 20分钟　　👨‍🍳 简单

用料

面粉80克　｜　胡萝卜100克　｜　鸡蛋1个
牛奶200毫升　｜　白砂糖10克　｜　黄油10克

做法

1. 胡萝卜去皮、切片，黄油隔热水融化。把胡萝卜、鸡蛋、牛奶、白砂糖、黄油放入破壁机杯中，再倒入面粉。

2. 启动破壁机，搅拌40秒左右至面糊细腻无胡萝卜颗粒，用普通料理机搅拌时间可能要更久一些。

3. 平底锅烧热，不放油，用大汤匙舀起1汤匙面糊，从高处滴落到平底锅中心，自然形成圆形。

4. 待面饼颜色变成金黄，表面微微有鼓包时翻面；两面煎熟即可。继续把剩余的面糊煎完。

烹饪秘籍

这个煎饼是偏甜口的，但也可以不放糖，根据自己的喜好调整口味。

奶香鸡蛋米饼

⏳ 140分钟　　👨‍🍳 简单

用料

大米粉125克　｜　牛奶125毫升　｜　酵母2克
鸡蛋1个　｜　细砂糖20克

做法

1. 牛奶稍微加热一下，把酵母倒进去拌匀，激发一下酵母，让其更均匀，充分发挥作用。千万不要太烫，和手温差不多即可，避免酵母失去活性。

2. 鸡蛋打散，倒进牛奶中，拌匀。把蛋奶液倒进米粉里，加入白糖（可少加或不加），搅拌成没有干粉的顺滑的糊状。

3. 拌匀后，盖上保鲜膜放温暖处发酵1小时。

4. 多功能锅放入六圆盘，调至中火，预热完成后，把米糊倒入圆盘中，不要太满。

5. 煎3分钟左右，借助硅胶刮刀翻面，再煎3分钟。两面金黄即可。

烹饪秘籍

米饼的颜色和鸡蛋黄的深浅有关。也可以把米糊直接倒入六圆盘发酵，发好后煎好即可。

奶香玉米饼

⏳ 40分钟　　🍽 简单

传统的玉米饼一般是要加酵母发酵以后再煎，等待的时间较长，而且口感也比较硬实。这个方子用的是类似海绵蛋糕的做法，把鸡蛋打发，这样做出来的玉米饼很松软，而且无油，非常健康！

用料

| 玉米粉80克 | 普通面粉50克 | 乌鸡蛋2个 |
| 纯牛奶140毫升 | 白砂糖20克 | 迷迭香若干 |

烹饪秘籍

1. 天气热的时候，打发鸡蛋时不用坐热水，如果天气比较凉，需要把打蛋盆坐在热水里，利于打发。也可以把白糖加进鸡蛋液里打，更利于定形。

2. 我用的乌鸡蛋比较小，所以用了两个，如果用普通鸡蛋比较大，一个也可以。

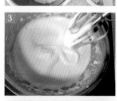 
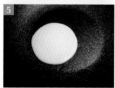 

做法

1. 准备好食材，把玉米粉、面粉和白砂糖放在盆里搅拌均匀。

2. 再倒入牛奶，把牛奶和干性材料搅拌均匀。

3. 在无水无油的盆里打入两个乌鸡蛋。用电动打蛋器把鸡蛋高速打发，打到颜色发白、出现纹路，提起打蛋头，低落的蛋液不会马上消失就可以了。这个过程可能比较久，要有耐心。

4. 把打发的鸡蛋液倒入玉米面糊中，翻拌均匀，不要划圈，不要拌太久，避免消泡。

5. 不粘锅烧热，保持小火，不放油，舀起1汤匙玉米面糊，从约30厘米处低落，自然形成圆形。每舀一汤匙的量要相同，确保每个饼的大小一致。

6. 全程小火，待面饼表面有大气泡出现时翻面，继续煎20秒左右，至两面金黄就可以起锅。用同样的方法把剩下的玉米奶糊煎好。这个方子大概可以煎8块左右。最后可用迷迭香在顶部装饰一下。

紫薯山药奶酪球 抗氧化

⧗ 30分钟　☺ 简单

用料

紫薯(大)、山药各300克　|　切达奶酪120克　|　椰蓉、牛奶各适量

做法

1. 紫薯和山药分别去皮、切段、蒸熟。

2. 把紫薯和山药分别捣成泥，如果觉得太干，可以加一点牛奶。

3. 淡味切达奶酪切成丁备用。

4. 把紫薯泥揉成小团，按扁，包进一个奶酪丁。

5. 紫薯泥裹着奶酪丁包好，揉圆。

6. 全部包好后，放入预热好的烤箱，180℃烤10分钟至奶酪融化即可。如果没有烤箱，用微波炉转一下或者蒸锅蒸8分钟也可以。

7. 同样的方法，用山药泥包好奶酪丁后烤好。

8. 奶酪球烤好后装盘，撒上椰蓉即可。

烹饪秘籍

1. 这个方子没有添加调味料，就是食材的原味，如果想要口感更好，可以在紫薯(山药)泥里拌进淡奶油加糖或者炼乳。

2. 用蒸的方式，奶酪球可以全部裹上椰蓉，如果用烤的，奶酪球的表皮会比较干，不容易裹上椰蓉，椰蓉撒在表面上即可。不可以先裹好椰蓉再烤，这样椰蓉会烤焦。

紫薯富含蛋白质、淀粉、膳食纤维、维生素等多种营养成分，其富含的花青素是天然强效自由基清除剂，有抗衰老的功效。

豆皮杂粮卷

⏳ 25分钟　　🍴 简单

吃杂粮可以避免营养过剩、血糖飙升，还有一定的减肥作用。豆腐皮富含优质蛋白质、异黄酮及多种矿物质。芦笋富含多种氨基酸、维生素、膳食纤维。它们搭配在一起营养丰富，别有一番风味！

用料

豆皮1张 │ 大米90克 │ 黑米40克
燕麦米40克 │ 芦笋200克 │ 大蒜2瓣
食用油5毫升 │ 蛋黄酱适量

做法

1. 把大米、黑米、燕麦米洗净放入电饭煲，加入清水，水面高出米面1指节，启动电饭煲把杂粮饭煮好。

2. 将洗干净的芦笋一分为二，根部用削皮刀去皮，大蒜切片。

3. 锅里放入食用油，中火，放入蒜片爆香。

4. 锅里加入芦笋，翻炒2～3分钟。

5. 豆皮上抹蛋黄酱，铺上蒸好的杂粮饭，中间放上芦笋。

6. 像卷寿司一样卷起，压紧杂粮饭。豆皮边缘抹上少许蛋黄酱。用刀切成等宽的小段即可。

烹饪秘籍

豆皮杂粮卷中间还可以卷别的蔬菜，或者火腿和肉，豆皮比较容易风干，做好后尽快食用！

红薯奶酪焗蛋

⏳ 30分钟　　☕ 简单

红薯富含膳食纤维，能够增加饱腹感，促进胃肠蠕动，有利于排便。热腾腾的红薯搭配香浓的奶酪，带来令人惊艳的口感，暖胃又暖心，营养更全面！

用料

红薯1个 ｜ 鸡蛋1个 ｜ 奶酪棒1个
培根1片 ｜ 香葱少许 ｜ 黑胡椒碎适量
黄油适量

做法

1. 培根、奶酪棒、香葱分别切碎。红薯蒸熟，从1/3处左右横向切下，把大的那份红薯肉挖出来，注意不要挖破红薯皮。

2. 在掏空的红薯中磕入鸡蛋，把蛋黄膜用牙签挑破，这样烤的时候不容易爆浆。

3. 在鸡蛋上面撒上一部分奶酪丁和培根碎。

4. 烤箱预热200℃，把红薯放入烤箱烤8分钟让鸡蛋定形。把挖出的红薯肉切成丁。

5. 把红薯从烤箱取出，放上红薯丁和剩余的培根碎和奶酪丁，再放入烤箱180℃烤5分钟。

6. 削上黄油，撒上香葱，磨上黑胡椒碎，继续烤3分钟左右即可。

烹饪秘籍

奶酪棒也可以换成马苏里拉奶酪，趁热吃会有拉丝哦。

黄金小猪馒头片 （健脑益智）

⏳ 20分钟　　🍳 简单

剩馒头有新吃法，做成萌萌的小猪馒头片，让早餐变得可爱起来！

用料

戗面馒头1个　|　火腿肠1根　|　鸡蛋2个
盐少许　|　海苔少许　|　食用油适量

做法

1. 戗面馒头切成1厘米左右厚的馒头片。

2. 2个鸡蛋打散，加少许盐拌匀，把馒头片两面裹上鸡蛋液。

3. 电饼铛预热好之后，刷一层油，然后把鸡蛋馒头片放入煎制。

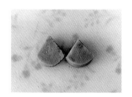

4. 火腿肠一部分正切一部分斜切，正圆的火腿片，切成如图的小扇形，做小猪的耳朵。

5. 斜切的火腿片，用吸管戳出两个鼻孔。

6. 把小猪的耳朵和鼻子放到馒头片相应的位置上，用海苔剪出小猪的表情，放在相应的位置，完成。

 烹饪秘籍

如果觉得装饰成小猪比较麻烦，馒头片裹蛋液煎好后，直接蘸番茄酱吃也可以！

杂蔬山药鸡肉小方

⏳ 25分钟　　👨‍🍳 中等

山药有健脾益胃，帮助消化的作用；鸡胸肉蛋白质含量较高，且易被人体吸收利用。两者搭配在一起，加上什锦蔬菜，营养丰富、热量低！

用料

鸡胸肉180克　|　铁棍山药160克

什锦蔬菜粒60克　|　料酒1汤匙

生抽1/2汤匙　|　盐、黑胡椒粉、香油各少许

做法

1. 鸡胸肉洗净，切小块；铁棍山药洗净、去皮，切小段。一起放进料理机打成泥状。

2. 把打好的山药鸡肉泥放入盆中，加入料酒、生抽、盐和黑胡椒粉，用筷子顺时针搅打上劲。

3. 速冻杂蔬粒解冻后，倒入山药鸡肉泥中。滴几滴香油，把所有食材搅拌均匀。

4. 取一个方形的容器，底部和四周抹一层油，倒入鸡肉泥，用汤匙或硅胶刮刀抹平表面。

5. 容器表面盖好保鲜膜。蒸锅放水烧开，把容器放进去，大火转中火蒸15分钟。

6. 蒸好后，把方盘倒扣，鸡肉块脱落，再用干净的刀切成小块即可。

烹饪秘籍

1. 如果没有速冻的杂蔬粒，也可以用新鲜时蔬，切丁焯水后沥干即可。

2. 鸡肉小方切好后可以直接吃，蘸番茄酱吃也很不错。

花生酱酸辣荞麦面

⏳ 40分钟　　👨‍🍳 简单

用料

鲜虾5个　|　虾仁腌料：生抽、料酒、橄榄油各1汤匙、白胡椒粉少许　|　花生酱2汤匙　|　蚝油1/2汤匙
生抽1汤匙　|　香油1/2汤匙　|　醋1汤匙　|　蒜末1汤匙　|　葱花1汤匙　|　小米椒1根　|　鸡蛋1个
牛油果1/2个　|　圣女果3个　|　小青柠1个　|　芝麻菜1小把　|　黑胡椒粉少许

做法

1. 鲜虾挑去虾线，去头去壳，加入1汤匙生抽、1汤匙料酒、1汤匙橄榄油、少许白胡椒粉，抓匀后腌制10分钟。

2. 大蒜切末；小葱和小米椒切碎；果蔬洗净切好备用。

3. 碗中加入2汤匙花生酱、1/2汤匙蚝油、1汤匙生抽、1/2汤匙香油、1汤匙醋、1汤匙蒜末、1汤匙葱花、1个小米椒（切碎），把酱料搅拌均匀。

4. 鸡蛋打散，摊平煎熟；虾仁两面煎熟。

5. 把蛋皮卷起，切成小段；牛油果切成片。

6. 荞麦面下沸水中煮熟，捞出后过凉水，然后沥干。这样面条会更筋道，不容易粘连。

7. 荞麦面中加入拌好的酸辣花生酱，拌匀。如果觉得酱料太稠不好拌，可以加两勺温水稀释后再拌。

8. 拌面盛入盘中，摆上煎好的虾仁和鸡蛋，码好各种蔬菜水果，最后撒上现磨黑胡椒碎即可。

烹饪秘籍

蔬菜水果可以根据自己的喜好来搭配。牛油果最后装盘前再切，否则会氧化变黑，影响颜值和口感。

荞麦属于全谷类的食物，含有丰富的膳食纤维、淀粉、微量元素，还有必需氨基酸里的赖氨酸，它不仅营养全面，适量食用有益健康，而且在减肥的时候也可以作为主食的一种。

香菇肉末拌面 增强免疫力

⏳ 20分钟　　🍳 简单

用料

挂面100克 ｜ 香菇3朵 ｜ 洋葱1小半 ｜ 肉末100克 ｜ 小葱3根 ｜ 红椒1/4个 ｜ 食用油适量
生抽1汤匙 ｜ 盐3克 ｜ 白糖3克 ｜ 蚝油1汤匙 ｜ 玉米淀粉5克 ｜ 老抽1/2汤匙（也可不加）
料酒10毫升

做法

1.准备好肉末，香菇和洋葱分别洗净切成小丁，小葱和红椒切碎。

2.调一碗酱汁，碗中加入3克盐、3克白糖、1汤匙生抽、1汤匙蚝油、5克玉米淀粉、1/2汤匙老抽、半碗清水，混合均匀。

3.锅中热油，下肉末炒至酥香，加入料酒去腥。

4.再加入香菇和洋葱丁一起翻炒出香味。倒入调好的酱汁，大火煮沸收汁。

5.最后加入小葱和红椒碎，翻炒均匀即可。

6.锅里烧开水，下入挂面煮熟。

7.捞出挂面过凉白开水，然后沥干水分。

8.盛出挂面，淋上炒好的香菇肉末酱拌匀即可食用。

烹饪秘籍

挂面煮好后过一下凉水，能让刚煮好的面条收缩一下，面条口感更筋道，面条的表面也会比较光滑，不容易粘在一起，拌面的时候也更容易拌匀。注意，一定要用放凉后的开水或者矿泉水哦，千万别直接用自来水，避免被细菌或微生物污染引起肠道疾病。

不知道吃什么那就来碗面条吧！好吃又营养的香菇肉末拌面，做起来方便，零失败，味道却毫不逊色，肉香四溢，吃完还要舔碗的节奏！

咖喱乌冬面

⏳ 20分钟　　🍳 简单

乌冬面是最具日本特色的面条之一，与日本的荞麦面、绿茶面并称日本三大面条，是日本料理店不可或缺的主角。乌冬面采用优质小麦的麦心粉加工而成，其口感介于切面和米粉之间，柔软弹滑，筋道绵密，再配上精心调制的汤料，是颇受吃货欢迎的面食。

用料

咖喱块2块　｜　火腿肠1根　｜　香菇4朵

胡萝卜半根　｜　小油菜2小棵

乌冬面400克　｜　食用油适量

做法

1. 胡萝卜洗净，去皮，切成小花的形状，这是为了摆盘好看，不切也可以。

2. 火腿肠切片；香菇洗净去柄，切"十"字花刀。

3. 锅里放适量油烧热，下火腿片煎制片刻，再下入胡萝卜片翻炒片刻。

4. 加入适量清水，烧开后，放入香菇煮一会儿。

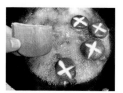

5. 放入咖喱块，搅拌至咖喱化开。下入乌冬面，用筷子抖散。

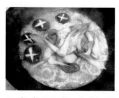

6. 乌冬面煮3分钟后加入小油菜，再煮1分钟，然后出锅。把食材码放好就可以开吃啦！

 烹饪秘籍

这是两碗面，两人份。还可以加入鸡蛋，食材自由搭配。

日式三文鱼茶泡饭

⏳ 30分钟　　☁ 简单

俗话说："好看不过素打扮，好吃不过茶泡饭。"很久以前，人们就想出了用热茶将冷掉的米饭加热后吃，久而久之，就演变成了现在的茶泡饭。它能给人的内心带来些许温暖与治愈。

用料

剩米饭适量　｜　茶叶4克　｜　三文鱼50克
柠檬汁少许　｜　黑胡椒碎少许　｜　盐少许
日式酱油1茶匙　｜　葱花1汤匙
熟白芝麻少许　｜　海苔2片

做法

1. 三文鱼用柠檬汁、盐和黑胡椒碎按摩均匀，腌制1小时。

2. 烤箱预热200℃，放入腌制好的三文鱼烤制20分钟。

3. 茶叶放入茶壶，冲入开水把茶泡好。

4. 把海苔片剪成丝，三文鱼烤好后撕成小块。

5. 在剩米饭顶端撒少许盐，加入日式酱油、三文鱼块、海苔丝、熟白芝麻、葱花，沿碗边倒入泡好的茶水，没过2/3高度的米饭即可。

烹饪秘籍

茶泡饭里的茶叶和辅料按个人喜好选择即可，三文鱼也可以换成梅子，也是很常见的一种吃法。

八宝粥 调节肠道

⏳ 120分钟　　👨‍🍳 简单

用料

大米50克　|　糯米50克　|　莲子20克
桂圆干20克　|　红小豆30克　|　枸杞子15克
红枣40克　|　花生仁20克　|　白砂糖适量

做法

1. 准备好食材，红小豆提前洗净浸泡12小时以上。

2. 把所有食材洗净后，加入900毫升清水，放入面包桶，卡入面包机。

3. 盖上面包机盖，选择程序"八宝粥"，按下启动键。

4. 面包机工作结束提示音响后，八宝粥就熬好了，就是这么简单！

烹饪秘籍

没有面包机的话，用电饭煲、电炖锅、砂锅等都可以，用高压锅就比较快。这款粥尤其适合食欲欠佳、肠胃不好及贫血的人食用哦！

十谷米红薯粥 提高免疫力

⏳ 50分钟　　👨‍🍳 简单

用料

红薯100克　|　十谷米100克

做法

1. 十谷米淘洗干净，红薯去皮，切成小丁。

2. 将十谷米和红薯丁放入电饭煲的内胆中。

3. 加入适量清水，按自己喜欢的稀稠程度添加。

4. 合上盖，接通电源，选择"煮粥"功能，按下"开始"键，50分钟可煮好。

烹饪秘籍

有颜值又有营养，可以根据自己的口味添加糖，也可以不加，因为红薯本身已有甜味。

香菇胡萝卜鳕鱼粥

⏳ 20分钟　　☕ 简单

鳕鱼肉味甘美、营养丰富。除了富含蛋白质、DHA、DPA外，还含有人体所必需的维生素A、维生素D、维生素E和其他多种维生素。

用料

鳕鱼1片	香菇1个	胡萝卜1小段
生姜3片	小葱2根	食用油1汤匙
盐少许	香油几滴	大米粥1碗

做法

1. 把鳕鱼肉剔出来，用手捏一捏，确保没有刺留在肉里。香菇和胡萝卜洗净，切成小丁，小葱切碎。

2. 鳕鱼肉用生姜片腌15分钟去腥，也可以用柠檬或者料酒。

3. 锅里放一点油，下胡萝卜丁翻炒片刻，胡萝卜过油之后有助于营养吸收。

4. 把煮好的大米粥倒入锅里，搅拌一会儿。

5. 依次放入胡萝卜丁、鳕鱼丁、香菇丁，一起煮。

6. 煮5分钟左右，鱼丁熟了，再撒入葱花，加点盐和香油就做好啦！根据自己的口味还可以加一些胡椒粉，味道会更赞。

🍳 烹饪秘籍

此粥需要先煮好大米粥，前一晚在电饭煲里放好米和水，预定好时间，早上起床的时候大米粥就自动煮好了，马上能用，这样可以节约很多时间。

花生酱水果燕麦粥 润肠养胃

⏳ 20分钟　　🍽 简单

燕麦粥是用燕麦片制作的粥，含糖少、脂肪少、热量低，含有丰富的钙、维生素，帮助肠胃蠕动。作为粗粮，燕麦片的膳食纤维丰富，容易让人产生饱腹感。在燕麦粥中加入花生酱，香浓可口，搭配水果营养更丰富。

用料

燕麦片35克　｜　牛奶250毫升

无糖花生酱1汤匙　｜　草莓3个　｜　香蕉1根

蓝莓10颗　｜　零卡糖霜少许

做法

1. 锅中倒入牛奶，加热后把燕麦片倒入，拌匀。

2. 加入一汤匙无糖花生酱，拌匀。

3. 一边加热一边搅拌至燕麦粥变浓稠。

4. 把草莓洗净切成圆片，香蕉剥皮切片。

5. 把煮好的燕麦粥倒入碗中，一片草莓和一片香蕉交错沿着碗边摆放一圈。

6. 在碗中间放上蓝莓，最后筛上零卡糖霜即可。

🍳 烹饪秘籍

煮燕麦粥的时候要不停地搅拌，避免糊底。撒糖霜是为了装饰，不撒也可以。可以换成其他喜欢的水果，加上坚果也不错哦。

牛油果草莓早餐燕麦杯

美容养颜

⏳ 20分钟　　👨‍🍳 简单

扫码看视频
轻松跟着做

牛油果是一种营养价值很高的水果，口感与奶油相当，有"森林奶油"的美誉。将牛油果和牛奶一起搅拌成奶昔，口感香醇、细腻润滑，是爱美女士的必饮品。

用料

牛油果半个　|　香蕉1根　|　草莓3颗
牛奶150毫升　|　什锦燕麦片适量
糖霜少许

做法

1. 牛油果和香蕉分别去皮、切成块。

2. 把牛油果块和香蕉块放入搅拌机杯后，倒入牛奶。

3. 启动搅拌机，把三种食材打成奶昔。

4. 把打好的奶昔倒入合适的容器中，大玻璃杯或玻璃碗最佳。

5. 撒上什锦燕麦片。

6. 放上草莓丁，最后撒上糖霜装饰即可。这一步主要是为了装饰，减肥人士介意糖粉摄入可以不加。

烹饪秘籍

因为香蕉已有甜味，所以不需要额外加糖。如果喜欢更甜一些，可以加入蜂蜜。草莓可以换成其他水果，尽情DIY吧！

草莓果昔酸奶燕麦杯 美容养颜

⏳ 10分钟　　🍳 简单

用料

酸奶1碗　|　草莓5颗　|　什锦即食燕麦片适量
混合坚果1包　|　薄荷叶适量　|　糖霜适量

做法

1. 把酸奶倒入榨汁机的果汁杯，3颗草莓洗净、去蒂后，切成小块放入酸奶中。

2. 卡好果汁杯到主机上，启动开始键，把草莓和酸奶打成果昔。

3. 取一个大的玻璃杯，底部先铺一层什锦燕麦片，剩下2颗草莓切成薄片，贴在杯壁上。

4. 倒入草莓果昔，再铺上一层燕麦片，撒上坚果，最后放上薄荷叶，撒上糖霜装饰即可。

 烹饪秘籍

1. 如果觉得燕麦片太多，底部可以不铺，只撒在果昔上面。

2. 酸奶要用浓稠一些的，这样上面放的食材就不会沉下去。

双莓酸奶燕麦杯 美容养颜

⏳ 20分钟　　🍳 简单

用料

蔓越莓20颗　|　草莓3颗　|　酸奶360毫升
即食燕麦片3汤匙　|　藜麦圈4个
蔓越莓干若干　|　薄荷叶、糖霜各少许

做法

1. 把蔓越莓鲜果和酸奶倒入榨汁杯中，打成粉色的奶昔，蔓越莓可以不要打太细，有些颗粒口感更好。

2. 在玻璃杯中放入即食燕麦片，倒入奶昔。

3. 倒入切好的草莓丁，也可以换成别的你喜欢的水果。

4. 放上藜麦圈、蔓越莓干，最后放上薄荷叶、筛上糖霜装饰一下，完成！

烹饪秘籍

如果介意有糖，可以用自制的无糖酸奶，最后一步的糖霜可以不撒。还可以自由搭配各种喜欢的水果、坚果或谷物，发挥你的想象力吧！

CHAPTER 2

低卡减脂
营养正餐

宫保鸡丁

⏳ 25分钟　　👨‍🍳 简单

用料

| 鸡胸肉1块 | 胡萝卜半根 | 黄瓜半根 | 花生米1小碟 | 葱、蒜、干辣椒适量 | 料酒1汤匙 |
盐少许 | 胡椒粉少许 | 淀粉2汤匙 | 生抽2汤匙 | 老抽1/2汤匙 | 陈醋2汤匙 | 白糖1茶匙 |
鸡精1克 | 食用油适量 | 清水适量

做法

1. 鸡肉切丁放入碗中，加入1汤匙料酒、1汤匙淀粉、少许盐和胡椒粉腌制15分钟。

2. 黄瓜洗净切成丁，胡萝卜去皮切成丁备用。

3. 调味汁：碗中加入2汤匙生抽、1/2汤匙老抽、2汤匙陈醋、1茶匙白糖、1汤匙淀粉、1克鸡精再加适量清水搅拌均匀。

4. 锅中热油，加入鸡丁划散，炒至变色，盛出。

5. 锅中留底油，下入葱、蒜、干辣椒爆香。

6. 倒入胡萝卜翻炒2分钟，再下入鸡丁翻炒。

7. 接着下入黄瓜丁一起翻炒。

8. 倒入调味汁，加入花生米，大火翻炒收汁即可。

烹饪秘籍

盐、醋、鸡精等调味料可以按照个人的口味来增加或减少。

宫保鸡丁的特色是辣中有甜、甜中有辣，鸡肉的鲜嫩配合花生的香脆，入口鲜辣酥香、回味无穷。这道改良版的宫保鸡丁无红油、无豆瓣酱，口味清淡，更适合减脂期吃。

黄瓜炒鸡丁

 增强体质
 适合做便当

⏳ 20分钟　　👨‍🍳 简单

低热量的黄瓜搭配鲜嫩爽滑的鸡肉，又脆又嫩的口感满足挑剔的味蕾！荤素搭配，黄瓜清爽可口，鸡胸肉嫩滑不柴，再配上一碗杂粮饭，既有饱腹感，热量又低，做法简单，老少皆宜。

用料

鸡胸肉1块	黄瓜1/2根	大蒜2瓣
料酒1汤匙	生抽1汤匙	淀粉1汤匙
胡椒粉2茶匙	盐1茶匙	食用油适量
蚝油1汤匙		

做法

1. 把鸡胸肉和黄瓜分别洗净切成丁，大蒜切成蒜末。

2. 在鸡肉中加入1汤匙料酒、1汤匙生抽、1汤匙淀粉、1茶匙胡椒粉、1茶匙盐，混合抓匀，腌制10分钟。

3. 锅里热油，下入腌好的鸡肉丁炒至变白。

4. 放入蒜末翻炒。

5. 加入黄瓜丁翻炒，加入1汤匙蚝油。

6. 再加1茶匙胡椒粉，翻炒出锅装盘即可。

烹饪秘籍

黄瓜无须去皮，这样颜色会比较好看，口感也更爽脆。下锅后不需要翻炒太久，否则就不脆了，颜色也会变黄。

秋葵炒鸡丁

低脂低卡 适合做便当

⏳ 20分钟　　🍳 简单

秋葵中的黏性物质能够促进胃肠蠕动，帮助消化，是护胃的保健蔬菜之一；鸡胸肉属于高蛋白质、低脂肪、低碳水的肉类。两种食材搭配，组成一道美味可口的低脂菜品。

用料

鸡胸肉1块	秋葵8个	蒜1瓣
小米椒2个	料酒1汤匙	生抽2汤匙
淀粉1汤匙	黑胡椒粉少许	食用油适量

烹饪秘籍

1. 因为生抽已经有咸味，所以菜品中没有另外加盐。

2. 秋葵先整个焯烫，再切开，可以减少营养的流失。秋葵里的黏液是重要精华所在，含有丰富的可溶性膳食纤维。适合减肥人士经常食用。

做法

1. 鸡胸肉切丁，加入料酒、1汤匙生抽、淀粉、黑胡椒粉，抓匀。

2. 鸡胸肉抓匀后腌制15分钟。

3. 秋葵下沸水焯烫1分钟后捞出，沥干。

4. 把秋葵斜切成小段，大蒜切片，小米椒切斜段。

5. 锅里热油，下蒜片和小米椒爆香。

6. 下入腌制好的鸡丁，翻炒至表面金黄。

7. 下入秋葵继续翻炒1分钟。

8. 加入1汤匙生抽，翻炒均匀即可。

胡萝卜木耳炒鸡丁

清肺排毒　适合做便当

⧗ 25分钟　　👨‍🍳 简单

胡萝卜中含有丰富的维生素A，木耳中含有丰富的铁，鸡丁中含有丰富的蛋白质，胡萝卜木耳炒鸡丁不仅营养丰富，而且味道非常鲜美，可以说是色香味俱全，还吃不胖！

用料

鸡胸肉140克	胡萝卜80克	木耳70克
大蒜2瓣	盐1茶匙	黑胡椒粉1茶匙
玉米淀粉1汤匙	料酒1汤匙	生抽1汤匙
蚝油1汤匙	食用油1汤匙	

烹饪秘籍

这么炒的胡萝卜口感脆脆的，如果喜欢吃熟透的，可以先把胡萝卜丁用沸水焯熟后再和别的食材一起炒。

做法

1. 干木耳泡发1小时，撕成小块；鸡胸肉切成丁；胡萝卜洗净去皮切成丁；大蒜剥好切成片。

2. 鸡肉丁中加入盐、黑胡椒粉、玉米淀粉、料酒，抓匀后腌制20分钟。

3. 锅里热油，下蒜片爆香。

4. 下入鸡肉丁，翻炒至变白。

5. 下入胡萝卜丁翻炒。

6. 下入木耳，翻炒2分钟。

7. 加1汤匙生抽、1汤匙蚝油，翻炒均匀即可出锅。

鸡胸肉炒香菇

⏳ 40分钟　　👨‍🍳 简单

鸡肉富含蛋白质和维生素A，香菇富含B族维生素、膳食纤维，青椒富含维生素C，这道菜的营养价值很高。鸡肉的鲜嫩，青椒的清脆微辣，搭配香菇的香滑爽口，不仅营养而且美味。

用料

鸡胸肉1块	香菇6朵	青椒1/2个
大蒜1瓣	料酒1汤匙	生抽2汤匙
淀粉1汤匙	盐1茶匙	食用油适量
蚝油1汤匙	黑胡椒粉适量	

烹饪秘籍

1. 煎制鸡胸肉时需要翻动一下，让其均匀受热，避免粘连。

2. 青椒本就可以生吃，最后放入也不需要炒太久，避免维生素C流失太多。

做法

1. 鸡胸肉和香菇分别洗净、切成片，青椒切成丝。

2. 鸡胸肉放入碗中，加入料酒、生抽、盐、淀粉。

3. 把鸡胸肉和调味料抓匀，腌制20分钟。

4. 锅中刷油烧热，放入鸡胸肉片煎熟盛出。

5. 锅里加入蒜片炒香。

6. 加入香菇炒软，再加入青椒。

7. 加入鸡胸肉，再加1汤匙生抽、蚝油炒匀。

8. 最后磨入黑胡椒碎，翻炒几下即可。

荷兰豆炒鸡丁

⏳ 15分钟　　👨‍🍳 简单

众所周知，鸡胸肉高蛋白质低脂肪，是健身人士最喜欢的肉类之一。而且鸡胸肉中含有的磷脂类成分，可以促进人体生长发育。腌制过的鸡胸肉炒出来滑嫩不柴，荷兰豆香甜脆嫩，两者搭配，低卡低脂又美味。

用料

鸡胸肉1块	荷兰豆150克	大蒜3瓣
生抽1汤匙	料酒1汤匙	淀粉1汤匙
盐1茶匙	黑胡椒粉少许	蚝油1汤匙
食用油适量	现磨黑胡椒碎适量	

烹饪秘籍

为防止中毒，荷兰豆应煮熟，可用沸水焯透或热油煸至变色熟透，方可安全食用。

做法

1. 鸡胸肉洗净切成丁；荷兰豆洗净，择去头尾和老筋；大蒜拍碎切成末。

2. 在鸡丁里加入1汤匙生抽、1汤匙料酒、1汤匙淀粉、1茶匙盐、少许黑胡椒粉抓匀，腌制5分钟。

3. 荷兰豆下入沸水中焯烫30秒，然后捞出沥水。很多人省去了这一步，所以炒出来的荷兰豆不够翠绿，也不好吃。

4. 锅里烧热油，下蒜末炒香。

5. 放入鸡丁翻炒至微黄熟透。

6. 加入荷兰豆，再加入一汤匙蚝油翻炒。

7. 最后撒上现磨黑胡椒碎，炒匀后即可出锅。

荷兰豆百合炒虾仁

⏳ 15分钟　　👨‍🍳 简单

春天的北京，雾霾和沙尘暴齐上阵，饮食上可以尽可能多吃些排毒、清肺的食物，百合就是很不错的选择。

用料

虾仁8个　｜　荷兰豆100克　｜　百合30克
大蒜2瓣　｜　盐少许　｜　生抽1汤匙
食用油2汤匙

烹饪秘籍

所有食材都已提前焯熟，所以翻炒的时间不宜过长，否则口感就不爽脆了。调味料只用了生抽一种，如果口味比较重，还可以再加少许盐和鸡精来提鲜。

做法

1. 荷兰豆洗净，掐去头尾，撕掉老筋；百合洗净；剥掉大虾的头和壳，挑去虾线，洗净；大蒜切片备用。

2. 锅中烧开水，放1茶匙盐和食用油（可以减少营养流失），下荷兰豆焯烫30秒。

3. 将荷兰豆从沸水中捞出，迅速放入凉水，这样能让荷兰豆的颜色更翠绿。

4. 百合下沸水焯烫5秒后捞出沥水，可以去掉百合的苦味。

5. 虾仁下沸水煮至卷曲变红。

6. 锅里热油，下蒜片爆香。

7. 先下荷兰豆翻炒片刻，再倒入百合和虾仁，继续翻炒5秒钟。

8. 加1汤匙生抽，翻炒均匀即可出锅。

西蓝花炒虾仁

⏳ 20分钟　　🍴 简单

上班族自己准备工作午餐要注意营养搭配。健康饮食能提高身体免疫力，还要简单易上手。西蓝花炒虾仁这道菜就特别适合，它营养丰富，做法简单，而且低卡，特别适合做便当。

用料

西蓝花250克 ｜ 虾仁20只左右 ｜ 生姜1小截
大蒜3瓣 ｜ 盐少许 ｜ 食用油适量
料酒1汤匙

做法

1. 虾仁解冻，如用鲜虾，去壳去头，用刀开背取出虾线洗净。西蓝花洗净后切成小朵。生姜和大蒜分别切片。

2. 在虾仁里加入姜片，撒少许盐，再加一汤匙料酒去腥，拌匀后腌制片刻。

3. 西蓝花沸水入锅焯1分钟左右捞出，入凉开水过凉，捞出沥水，可保持西蓝花颜色鲜绿、口感爽脆。

4. 锅里热油，小火下蒜片和姜片爆香。

5. 加入虾仁转大火翻炒至虾仁变色。

6. 倒入西蓝花大火翻炒2分钟，最后加入适量盐翻炒调味即可。

烹饪秘籍

1. 将西蓝花放在盐水里浸泡几分钟，可以去除菜虫，还能去除残留农药。

2. 西蓝花焯水的时间不宜太长，不然会失去脆感，焯水后应放入凉开水内过凉，捞出沥净水再用，有许多人没有注意这一点，所以炒出来的西蓝花不脆。

西芹百合炒虾仁

增强免疫力 | 适合做便当

⏳ 25分钟　　🍳 简单

这道菜无论在家吃还是作为上班族的便当都很合适。西芹营养丰富，富含蛋白质、碳水化合物、矿物质及多种维生素，是一种保健蔬菜；而百合有润肺止咳，安定心神，美容养颜的作用。这道菜不仅低脂，还能增强免疫力。

用料

西芹1把　|　鲜百合2个　|　红椒半个
鲜虾或虾仁10只　|　食用油适量
葱姜丝适量　|　盐、白糖各少许

做法

1. 西芹切斜刀段，百合掰成小瓣；新鲜大虾剥皮去虾线，或直接用解冻虾仁；红椒切丝，葱姜切丝。

2. 锅里加入适量清水，开锅后将芹菜煮20秒捞出。

3. 锅里加入适量清水，开锅后将百合焯烫5秒捞出。

4. 热锅放入适量食用油，放入葱姜丝爆香，加入准备好的虾仁炒至变色。

5. 加入芹菜和百合一起翻炒。加入少许白糖和盐调味。

6. 最后放入红椒翻炒2分钟即可。

🎀 **烹饪秘籍**

要想把这道菜做得清爽又好看，提前把芹菜和百合用沸水焯烫是关键，这样能保证芹菜的清脆爽口，百合也不会变黄。

黑椒杏鲍菇牛肉粒

⏳ 30分钟　　👨‍🍳 简单

用料

牛排1块 ｜ 杏鲍菇1个 ｜ 料酒1汤匙 ｜ 生抽1汤匙 ｜ 黑胡椒粉1茶匙 ｜ 玉米淀粉1汤匙

橄榄油1汤匙 ｜ 蜂蜜1汤匙 ｜ 食用油适量 ｜ 盐少许 ｜ 蚝油1汤匙 ｜ 黑胡椒碎少许

摆盘：圣女果3个 ｜ 黄瓜1/2根

做法

1. 牛排室温解冻后，用厨房纸吸干表面血水。

2. 牛排切成丁，杏鲍菇洗净切丁（稍微切大一点）。

3. 牛肉粒中加入1汤匙料酒、1汤匙生抽、适量黑胡椒粉、1汤匙淀粉、1汤匙橄榄油、1汤匙蜂蜜，抓匀后腌制20分钟。

4. 把圣女果洗净对半切，黄瓜洗净用削皮刀刨成片，把4片黄瓜片卷起，把圣女果和黄瓜片如图摆好盘。

5. 锅里热油，倒入牛肉粒快速翻炒至表面变色焦黄，盛出。

6. 倒入杏鲍菇粒煎炒出水分，加少许盐至表面微黄。

7. 倒入牛肉粒继续翻炒，加1汤匙蚝油。

8. 翻炒均匀后，撒上现磨黑胡椒碎，即可出锅装盘。

烹饪秘籍

1. 牛排自然解冻后用厨房纸吸干血水即可，不需要水洗。

2. 杏鲍菇不要切太小，煎的过程中体积会缩小，用小火慢煎，煎透才香哦。

牛肉蛋白质含量高且脂肪含量低，所以味道鲜美，受人喜爱，享有"肉中骄子"的美称。抿一嘴裹满黑椒酱甘甜醇美的肉汁，咬开大颗鲜香柔软的牛肉粒，一口厚实爽滑的杏鲍菇热乎好嚼，层次丰富到让人停不下来。

93

黑胡椒茭白片

⏳ 10分钟　　👨‍🍳 简单

茭白为低热量食物，稍微食用便有饱感，并且茭白中含有的豆醇可以有效防止黑色素的产生。坚持食用可使皮肤光滑细腻、美白。

用料

茭白3个　｜　胡萝卜半个　｜　大蒜2瓣
蚝油1汤匙　｜　生抽2汤匙　｜　植物油适量
黑胡椒颗粒适量

做法

1. 茭白洗净剥皮，切成菱形片，胡萝卜洗净削皮，同样切成菱形片。

2. 锅里下植物油，下入蒜末爆香。

3. 先下入胡萝卜片翻炒片刻。

4. 再下入茭白片，炒至变软。

5. 加入1汤匙蚝油，2汤匙生抽，翻炒均匀。

6. 出锅前研磨黑胡椒颗粒撒入，即可出锅装盘。

🍳 烹饪秘籍

1. 因为蚝油和生抽都有咸味了，所以没有另外加盐。

2. 在胡萝卜和茭白的炒制过程中没有加水，所以要用中小火慢炒，才不容易炒焦。

黑椒芦笋炒蘑菇

⏳ 10分钟　　👨‍🍳 简单

用料

芦笋250克	口蘑150克	大蒜2瓣
生抽1汤匙	黑胡椒粉适量	

烹饪秘籍

1. 芦笋含有草酸，草酸进入人体的血液后容易与钙相结合，形成草酸钙，影响人体对钙的吸收，焯水可以去除大部分的草酸。再过一下凉水，可以保持芦笋口感上的爽脆和颜色的翠绿，所以焯水这一步不可以省略。

2. 生抽可以换成蚝油，成品颜色会更深一些。如果喜欢口味重一些的还可以适量加盐。

芦笋含有丰富的蛋白质以及粗纤维，热量非常低，不仅饱腹感强，而且还能减少肠胃对脂肪的吸收。蘑菇中含有人体难以消化的粗纤维、半粗纤维和木质素成分，可以帮助吸收人体剩余的胆固醇和糖分，并将其排出体外。

做法

1. 芦笋洗净，根部用削皮刀削去老皮。

2. 蘑菇洗净切成薄片，芦笋切段。

3. 芦笋下沸水焯1分钟，然后捞起过凉水，再沥干水分，这样芦笋会更爽脆碧绿。

4. 大蒜切成蒜末，锅里热油，下蒜末炒香。

5. 锅中加入口蘑片炒软，保持中小火，不要炒焦。

6. 加入芦笋大火爆炒，因为芦笋已经焯过水，不需要炒太久。

7. 加入1汤匙生抽翻炒片刻。

8. 最后撒入少许黑胡椒粉，翻炒均匀即可出锅。

山药木耳炒肉片

补气补血　适合做便当

⏳ 20分钟　🍴 简单

木耳含有丰富的蛋白质，堪比动物食品，有"素中之荤"的美誉；山药富含多种必需氨基酸和大量的黏液蛋白质、维生素及微量元素；瘦肉含丰富蛋白质与矿物质，三者结合在一起，营养又美味。

用料

山药40克	泡发木耳40克	猪肉150克
蚝油1茶匙	淀粉2克	料酒1茶匙
植物油15毫升	姜片5克	蒜片5克
盐2克	生抽2茶匙	白砂糖2克
小葱5克		

做法

1. 把猪里脊肉切片，加蚝油、淀粉、料酒、5毫升植物油抓匀，腌制片刻。另外木耳提前泡发好，山药去皮切成片，蒜和姜去皮切成小片备用。

2. 锅里热油，下蒜片和姜片爆香。

3. 下入腌制好的里脊肉片翻炒至变白（七分熟）。

4. 下入木耳和山药片继续翻炒。

5. 加入生抽、盐、白砂糖，再加入少许清水，略煮一会儿。

6. 水差不多收干后，加入葱花翻炒片刻即可出锅。

🄴 烹饪秘籍

　　山药的黏液里含植物碱，接触皮肤会刺痒，所以在给山药削皮的时候要戴手套操作。

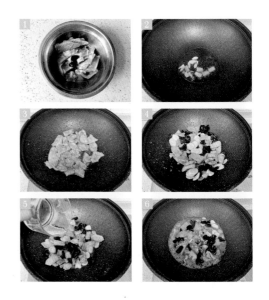

芹菜炒腐竹

⧖ 15分钟　　♨ 简单

腐竹是一种豆制品，其主要成分是大豆蛋白质，可以补充人体所需的蛋白质，同时也不会增加太多的热量，且具有较好的口感，适合减肥的人食用。

用料

| 芹菜100克 | 泡发腐竹60克 | 蒜和姜各5克 |
| 生抽1汤匙 | 蚝油1汤匙 | 食用油适量 |

做法

1. 把干腐竹放入凉水里浸泡一夜。芹菜洗净切段，腐竹切成菱形，大蒜和姜去皮切成片。

2. 锅里烧开水，下芹菜段焯水1分钟，捞出过凉水备用。

3. 炒锅里热油，下姜蒜片爆香。

4. 倒入腐竹炒熟。

5. 加入芹菜翻炒。

6. 加入生抽、蚝油炒1分钟即可出锅。因为这两种调料已有咸味，我就没有额外放盐。

 烹饪秘籍

芹菜焯水后过凉水，能让芹菜更加翠绿爽口。

番茄炒白菜 促进排毒

⏳ 15分钟　　👨‍🍳 简单

这道菜把番茄和白菜这两种很常见的家常食材搭配在一起，可能很多人都没有尝试过。别看做法简单，但味道酸酸甜甜的，特别下饭，颜色也很好看。

用料

大白菜半棵	番茄2个	蒜2瓣
小葱2根	生抽1汤匙	蚝油1汤匙
盐1茶匙	鸡精1茶匙	食用油适量

🍳 烹饪秘籍

1. 手撕白菜叶不会破坏植物细胞，营养不流失。

2. 因为蚝油和生抽都有咸味，也可以不放盐和鸡精。

做法

1. 番茄表面划"十"字刀口，下沸水焯烫一会儿，把皮剥掉。

2. 番茄切成小块，白菜洗净撕成小块，小葱切成葱花，大蒜切成蒜末。

3. 锅里热油，下蒜末爆香。

4. 锅里下番茄快速翻炒出汁。

5. 再下入白菜，加半碗清水，盖上锅盖把白菜煮软。

6. 白菜煮软后，加1汤匙生抽、1汤匙蚝油、1茶匙盐、1茶匙鸡精，翻炒均匀。

7. 出锅前撒上葱花即可。

素烧杏鲍菇

⏳ 25分钟　　🍴 简单

100克杏鲍菇的热量只有31千卡，比很多食物的热量都要低，而且它的营养成分也不输给肉类。肉一般的口感，给你的味蕾带来大大的满足感。

用料

杏鲍菇2个　｜　小米辣椒2个　｜　生抽2汤匙
白糖1茶匙　｜　香油少许　｜　植物油适量
圆生菜3片

烹饪秘籍

生抽已经有咸味，就没有另外加盐。不添加过多的调味料，可以更好地体现杏鲍菇本来的鲜味。

做法

1. 杏鲍菇洗净，去掉顶部，切成厚片。

2. 在杏鲍菇片的一面划菱形网格，注意不要划断。

3. 调酱汁：碗中加入2汤匙生抽、1茶匙白糖、少许香油、30毫升清水，搅拌均匀。

4. 小米椒切成小圈，圆生菜切成丝。

5. 少油文火将杏鲍菇煎至两面金黄。

6. 倒入酱汁，小火翻炒收汁。

7. 汤汁收干后，撒上小米椒圈。

8. 盘子底部铺上生菜丝，摆上杏鲍菇片、小米椒圈点缀即可。

蒜蓉炒丝瓜 美容养颜

⏳ 15分钟　　🍴 简单

丝瓜含有的水分较多，热量较低，还富含膳食纤维，能够增加饱腹感，避免摄入过多的其他食物。但是在炒丝瓜的时候容易遇到炒黑、带着微苦的味道等问题，今天分享怎么炒丝瓜不黑又不苦。

用料

丝瓜2根　│　大蒜3瓣　│　盐1茶匙
鸡精1茶匙　│　食用油适量

做法

1. 丝瓜洗净、削皮，去掉头尾后切成滚刀块。

2. 丝瓜不黑不苦的秘诀：在切好的丝瓜上撒1茶匙盐，抓拌均匀。

3. 丝瓜块抓匀后腌制一会儿，丝瓜裹上盐可以在丝瓜表面形成一层保护膜，让丝瓜不容易氧化变黑。

4. 锅里油烧热，下入剁碎的蒜末爆香。

5. 下入丝瓜翻炒，整个过程保持小火。

6. 烧至汤汁溢出，瓜肉软糯。因为腌制的时候已经放过盐，就无须再加盐，只需加入少许鸡精，炒匀即可出锅装盘。

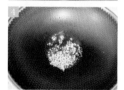

 烹饪秘籍

　1. 丝瓜在炒制的过程中会出汁，无须另外加水。

　2. 丝瓜应选购色泽鲜嫩青翠、结实和光亮，皮色为嫩绿或淡绿色者，果肉顶端比较饱满，无臃肿感为佳。

蒜蓉炒四季豆

⏳ 20分钟　　👨‍🍳 简单

四季豆是一种营养价值很高的蔬菜，含有大量的优质蛋白质和不饱和脂肪酸，且容易被人体吸收利用，有利于身体健康。

用料

| 四季豆300克 | 大蒜3瓣 | 生抽1汤匙 |
| 老抽1/2汤匙 | 蚝油1汤匙 | 食用油少许 |

做法

1. 四季豆洗净、去筋，大蒜拍碎剁成蒜蓉。

2. 四季豆斜刀切成丝。

3. 锅中烧水，下四季豆焯水3分钟。

4. 锅里热油，蒜蓉下锅爆香。

5. 下入四季豆翻炒。

6. 放生抽、老抽、蚝油，翻炒片刻即可出锅。因为三种调味料都有咸味，可以不用再另外放盐。

烹饪秘籍

四季豆若没炒熟，豆中的皂苷会强烈刺激消化道，除此之外豆中的亚硝酸盐和胰蛋白酶进入肠胃后，会使人食物中毒，为了防止这类情况出现，在炒四季豆前一定要记得焯水！

藜麦鸡胸肉丸子

⏳ 40分钟　👨‍🍳 中等

用料

鸡胸肉1块 ｜ 虾仁80克 ｜ 西蓝花半朵 ｜ 三色藜麦80克 ｜ 大蒜2瓣 ｜ 香葱1根 ｜ 料酒1汤匙
生抽2汤匙 ｜ 蚝油2汤匙 ｜ 淀粉1汤匙 ｜ 胡椒粉适量 ｜ 盐1茶匙

做法

1. 食材准备好。三色藜麦提前浸泡30分钟以上；鸡胸肉切成小块；西蓝花切小朵。

2. 把鸡胸肉、虾仁、西蓝花和2瓣大蒜放入料理机。

3. 启动料理机，把各种食材混合搅打成肉泥。

4. 倒入葱花，加入1汤匙料酒、1汤匙生抽、1汤匙蚝油、1茶匙盐、1汤匙淀粉和少许胡椒粉搅拌均匀。

5. 把肉馅搓成球。

6. 把肉球裹上泡好的藜麦，全部做好放入盘中。

7. 把盘子放入蒸箱蒸20分钟。用蒸锅的话，大火烧开水后放入盘子蒸20分钟。

8. 出锅后，将蒸出来的水倒入锅中，加入1汤匙生抽、1汤匙蚝油，大火煮开后淋到藜麦鸡肉丸子上即可。

烹饪秘籍

鸡肉丸里还可以加入胡萝卜、莲藕等食材。虾仁要吸干水分，肉糜的水分不能太多，否则不好成形。

藜麦对素食者和想要瘦身的人士而言，是绝佳的代餐食物。它低脂、低升糖指数、低碳水，不会积累过多热量。另外，藜麦煮熟后体积会膨胀3~4倍，具有饱腹感，且含有大量的钙和铁，是非常健康的食材。

鲜虾蔬菜丸子

⏳ 30分钟　👨‍🍳 简单

用料

虾4只 ｜ 胡萝卜30克 ｜ 土豆30克 ｜ 娃娃菜4片
胡萝卜片6片 ｜ 盐少许 ｜ 枸杞子6颗

做法

1. 娃娃菜洗净，胡萝卜和土豆去皮切块，鲜虾去头去虾线。烧开水，放入娃娃菜焯水30秒左右，焯好后，再把娃娃菜的水分挤出来。

2. 把虾仁、土豆块、胡萝卜块和娃娃菜放入料理机中打碎，加入少许盐拌匀。

3. 接下来做丸子，先称一下重，每个丸子15克左右。手上沾一点水防粘，把丸子揉圆，动作要轻柔。

4. 胡萝卜去皮，切成片，摆在盘子里做丸子的底座。把揉好的丸子放在胡萝卜片上，再把盘子放入蒸箱或蒸锅，蒸制15分钟左右。出锅前5分钟在丸子面上放一颗枸杞子装饰。

烹饪秘籍

1. 因为土豆中富含淀粉，所以不用再添加蛋清或面粉，也可以让丸子成形。

2. 娃娃菜焯水后水分要挤干，否则水分太多丸子不易成形，蒸的时候也容易散开。

3. 没有料理机也可以用菜刀把食材剁碎。

玉米藜麦鸡肉饼

⏳ 35分钟　👨‍🍳 简单

用料

鸡胸肉200克 ｜ 三色藜麦30克 ｜ 玉米粒80克
蚝油1汤匙 ｜ 料酒1汤匙 ｜ 老抽1/2汤匙
黑胡椒少许 ｜ 盐少许 ｜ 食用油适量
葱花若干

做法

1. 三色藜麦洗净后，浸泡1小时；玉米洗净剥好粒；鸡胸肉用搅拌机打成肉泥；小葱洗净切碎。

2. 把玉米和浸泡好的三色藜麦放入蒸锅，蒸制15分钟。用水煮熟后捞出沥水也可以。

3. 把鸡肉泥、煮熟的三色藜麦、玉米粒和葱花一同放入盆中。加1汤匙蚝油、1汤匙料酒、1/2汤匙老抽、少许黑胡椒粉、少许盐搅拌均匀。

4. 抓一小团拌好的玉米藜麦鸡肉泥，做成小圆饼。

5. 平底锅热油，下入鸡肉饼，保持小火，煎至两面金黄即可。

烹饪秘籍

鸡肉泥中可以加入喜欢的各种蔬菜，如胡萝卜碎、豌豆等。

小米裹肉丸子

⏳ 40分钟　　👨‍🍳 简单

小米富含矿物质、多种维生素、氨基酸、脂肪和碳水化合物，猪肉含铁、锌等微量元素。把小米裹在肉丸外边，金灿灿的外衣里头裹着弹牙的肉丸，不但能勾起食欲，营养也更全面。

用料

小米50克　|　猪肉100克　|　莲藕40克
胡萝卜20克　|　大葱1小段　|　淀粉10克
酱油1茶匙　|　香油几滴　|　盐3克
枸杞子若干

烹饪秘籍

枸杞子也可以在剩余3分钟的时候放到丸子上一起蒸，蒸得太久会影响枸杞子的色泽。

做法

1. 将小米在清水中浸泡2小时以上。这样蒸的时候更易熟，不会夹生。

2. 将猪肉、莲藕、胡萝卜切成小块，大葱切碎后一起放入料理机打成肉糜。

3. 在肉糜中加入淀粉、酱油、香油和盐，然后拿筷子顺一个方向搅拌上劲。

4. 用手抓一些肉糜，团成圆圆的小肉丸子。全部团好放在盘子里备用。

5. 沥干浸泡小米的水，然后把肉丸子放进去滚一滚，让肉丸子均匀地裹上一层小米外衣。

6. 把胡萝卜切成圆片，垫在肉丸子下面，放入蒸箱100℃蒸20分钟。用蒸锅的话上汽后蒸20分钟。

7. 最后在肉丸子面上放一颗泡好的枸杞子点缀即可。

西葫芦快手牛排堡

⏳ 40分钟　　👨‍🍳 中等

用料

| 牛肉碎100克 | 鸡蛋1个 | 洋葱1/4个 | 西葫芦1根 | 低脂奶酪片4片 |
| 淀粉1汤匙 | 面包糠2汤匙 | 海盐适1茶匙 | 黑胡椒碎适量 | 食用油适量 |

做法

1. 把牛肉剁成肉馅，洋葱洗净切碎，西葫芦洗净切成片（约5毫米）。

2. 牛肉馅和洋葱碎放入碗中，加入1个鸡蛋、1汤匙淀粉、2汤匙面包糠、1茶匙海盐、适量黑胡椒碎，混合均匀。

3. 手上沾一些水防粘（或者戴手套），取一团混合好的牛肉馅，先揉成团，再压成和西葫芦直径大小接近的肉饼。

4. 锅里热油，下西葫芦片两面煎熟。

5. 锅里留底油，放入牛肉饼，煎至两面金黄。

6. 西葫芦片摆好，低脂奶酪片一分为四，盖到西葫芦片上。

7. 再放上煎好的牛肉饼，牛肉饼的余温可以让奶酪片融化。

8. 再盖上1/4片奶酪片，然后盖上另一片西葫芦片，完成。

烹饪秘籍

1. 如果鸡蛋比较大，牛肉馅有可能会太稀，不容易成形，这时候可以用1/2个鸡蛋来做。

2. 如果牛肉馅太粘手，可以增加淀粉和面包糠的量来调整黏稠度。手上沾一些水或油来操作也可以防粘。

想要瘦瘦的、美美的，除了迈开腿，还得管住嘴。那么想吃汉堡的时候怎么办？别着急，小菁教你一招，用西葫芦替代汉堡的面包坯，既保留了牛肉与奶酪，可以满足味蕾，又降低热量，拒绝脂肪。

西葫芦虾仁圈 减肥 瘦身

⏳ 40分钟　☁ 中等

用料

西葫芦1个 ｜ 鲜虾（虾仁）约20只 ｜ 料酒1汤匙 ｜ 面粉10克 ｜ 鸡蛋1个 ｜ 盐适量 ｜ 食用油适量

做法

1. 鲜虾去头去壳，去除虾线，加少许料酒和盐腌制片刻。

2. 西葫芦洗净、切片（约5毫米）。

3. 用水果刀将西葫芦的瓤挖空，做成西葫芦圈。西葫芦瓤不要扔，后面会用到。

4. 烧一锅水，把西葫芦圈焯烫1分钟，捞出沥干水备用。

5. 把虾仁下沸水焯至变红后捞出沥干水。

6. 把挖出来的西葫芦瓤切碎放入碗中（5~6片西葫芦瓤即可），打入1个鸡蛋，再加入面粉，然后搅拌均匀。

7. 平底锅刷一层油，摆入西葫芦圈，用汤匙子舀一汤匙鸡蛋糊把西葫芦圈填满。

8. 在鸡蛋糊面上放一个虾仁，小火慢煎至鸡蛋糊凝固即可。

烹饪秘籍

1. 鸡蛋液里可以放少许西葫芦碎，或者胡萝卜碎，不放也可以。

2. 做好的西葫芦圈直接吃味道就很清甜鲜美，还可以搭配喜欢的甜辣酱、番茄酱等。

西葫芦水分含量将近95％，热量很低，可以作为减肥菜来食用。西葫芦的吃法也有很多，今天给大家介绍一种搭配虾仁的高颜值吃法，一看到就让人食欲满满。

虾滑酿冬瓜

⏳ 40分钟　　👨‍🍳 中等

用料

鲜虾8只　|　冬瓜500克　|　胡萝卜2片　|　蛋清1/2个　|　淀粉1茶匙　|　料酒2毫升

白胡椒粉少许　|　鲜鸡汁15毫升　|　香油几滴　|　水淀粉15毫升

做法

1. 把鲜虾去头去壳，挑出虾线，冲洗一下沥干水分，再用菜刀剁成虾蓉。

2. 将虾蓉放入碗中，加入蛋清、料酒、白胡椒粉、淀粉、挤入5毫升鲜鸡汁，用筷子朝一个方向搅拌虾蓉，搅到虾蓉上劲，很黏稠的状态就可以了。

3. 把冬瓜切成1.5厘米左右厚的片，用模具压出花朵的形状。

4. 用挖球器在冬瓜块中间挖出一个小洞，注意不要挖透，如果没有挖球器，也可以借助裱花嘴或小铁匙。

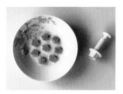

5. 胡萝卜切成薄片，用花型模具切出小花的形状。

6. 把虾滑酿入冬瓜中，我用的茶匙整形，虾滑比较粘手，也可以用手沾水后把虾滑整圆。在虾滑中间放上压好的小花胡萝卜片。

7. 蒸锅中放入适量水烧开，放入虾仁酿冬瓜，大火蒸7分钟。

8. 蒸好后，把盘子里蒸出的水倒入锅中，加入小半碗清水，加入10毫升鲜鸡汁，再加几滴香油提香，然后加入水淀粉勾芡。

9. 最后把芡汁倒在蒸好的虾滑酿冬瓜上即可!

烹饪秘籍

为了让成品看起来晶莹剔透，我用鲜鸡汁代替了酱油等调味品，用生抽调味也可以，颜色会稍微深一些；如果觉得把冬瓜压成花型比较麻烦，也可以直接切成方形的厚片，其余的方法相同。

这是冬瓜的高颜值吃法，口味清淡不腻且低脂，非常适合需要补充营养又有减肥健身需求的人群。虾滑清爽易消化，富含蛋白质和钙质，冬瓜营养丰富，富含维生素和矿物质，搭配食用，营养互补，有效为人体补充多种营养素。

千丝万缕虾

⏳ 40分钟　　👨‍🍳 中等

用料

鲜虾12只　|　细挂面1把　|　料酒1汤匙　|　生抽1汤匙

盐1茶匙　|　黑胡椒粉适量　|　辣椒面适量　|　食用油适量

做法

1. 把虾洗净后，去头、去皮，留下尾部，挑去虾线。

2. 虾仁中加入1汤匙料酒、1汤匙生抽、少许盐和黑胡椒粉，抓匀后腌制15分钟以上。

3. 把细挂面下沸水煮至七八分熟即可。因为还要烤，不用煮得太烂。

4. 把面条过凉水后沥干，这样可以防止面条太粘而不方便缠绕。

5. 用面条把虾仁缠起来，可以三五根合在一起操作。

6. 炸篮铺上锡纸，刷一层油防粘，然后把缠好的虾仁摆放好。

7. 空气炸烤箱180℃预热后，放入炸篮。选择"空气炸功能"，设置180℃，时间15分钟。

8. 千丝万缕虾炸好摆盘，撒上辣椒面就可以开吃。如果不能吃辣，也可以根据自己口味撒黑胡椒粉、孜然粉、椒盐等。

🍳 烹饪秘籍

1. 千丝万缕虾炸了15分钟，颜色还不是很深。如果喜欢颜色深一些的，可以多炸2~3分钟。

2. 虾尾用锡纸包上，可以防止炸焦。

3. 多余的面条也可以放入空气炸烤箱，炸完和干脆面一样好吃。

4. 用普通电烤箱或空气炸锅都可以做。

虾含有丰富的蛋白质、锌、碘和硒，具有很高的食疗价值。今天改良一道圈粉无数的"千丝万缕虾"，不用一滴油，低脂又健康，包你回味无穷！

无油凤尾虾球

⏳ 40分钟　　👨‍🍳 中等

用料

鲜虾8只　|　大土豆（约300克）1个　|　鸡蛋1个　|　淀粉适量　|　面包糠适量
料酒2汤匙　|　盐适量　|　胡椒粉适量　|　十三香适量　|　食用油适量

做法

1. 把虾洗净后，去头、去皮，留下尾部，挑去虾线。

2. 虾仁处理好后，加入料酒、盐、胡椒粉抓匀，腌制15分钟。

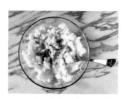

3. 虾仁腌制的同时把土豆去皮、切成片，上锅蒸15分钟至软。再将土豆片压成泥，加入盐和十三香拌匀。

4. 取35～40克的土豆泥包裹住虾身，仅留出虾尾，尽量揉圆一些，比较好看。同样的方法包好所有的虾球。

5. 准备好淀粉、鸡蛋液、面包糠。

6. 虾球先均匀地沾上淀粉，再沾上鸡蛋液，最后外层裹上面包糠。

7. 炸篮里铺一层锡纸，抹一层油防粘后把虾球放进去。铺锡纸是为了方便清洗，用完一扔就好。

8. 空气炸烤箱预热170℃。预热后，把炸篮放进去，选择"空气炸功能"，设置170℃，时间20分钟。烤至表面金黄即可。

烹饪秘籍

1. 因为非油炸，所以土豆泥的热量并不高，把它当作主食摄入，不用担心发胖。

2. 我用的是空气炸烤箱，同样的方法用空气炸锅或者烤箱来做都可以，温度和时间请根据实际情况调整。

在家就能做的美味小食，每只虾球都是完整的虾仁肉，还有土豆作为搭配，营养丰富、肉香味美，不加一滴油也能拥有满满的能量和香脆。不仅健康，逢年过节给家人露一手，一定能收获满满的好评。

蒜蓉蒸鸡胸肉 增强体质

⏳ 30分钟　　👨‍🍳 简单

用料

鸡胸肉1块 | 金针菇80克 | 大蒜8瓣 | 生抽1汤匙 | 料酒1汤匙
淀粉1汤匙 | 植物油20毫升 | 白糖5克 | 盐适量 | 小葱适量

做法

1. 鸡胸肉洗净，斜刀切片，中间再来一刀一分为二。

2. 鸡胸肉放入大碗中，加入1汤匙生抽、1汤匙料酒、1汤匙淀粉，抓匀，腌制30分钟。

3. 大蒜拍扁，剥掉蒜皮，剁成蒜末。

4. 锅里热油，下蒜末炒香，加5克糖和少许盐，炒匀。

5. 金针菇洗净，去掉根部，摆入盘中。

6. 金针菇上铺腌好的鸡胸肉，再铺炒好的蒜蓉。

7. 放入蒸箱或蒸锅，大火蒸12分钟。

8. 蒸好后，撒上葱花即可。

烹饪秘籍

1. 关于鸡肉选择，鸡胸肉也可以用鸡腿肉代替。

2. 关于蒸制方法，一定要水开上汽后再放入鸡胸肉。大火蒸，这样蒸出来的鸡胸肉鲜嫩多汁，不柴。

鸡胸肉给人的固有印象就是减肥餐里的标配，虽然是肉，但却清淡真味。其实这样的食材，也能吃得有滋有味。小菁给大家推荐一道超下饭的蒜蓉蒸鸡胸肉，搭配爽滑的金针菇，鲜嫩多汁，好吃到爆。

蒜蓉蒸娃娃菜

⏳ 15分钟　　👨‍🍳 简单

用料

娃娃菜1棵	大蒜8瓣	葱花1汤匙
小米辣椒1个	生抽1汤匙	陈醋1/2汤匙
盐1茶匙	白糖1茶匙	食用油1汤匙

做法

1. 娃娃菜洗净后切成条；大蒜拍扁去掉皮，切成蒜末；小葱洗净切成葱花，小米辣椒切成小圈。

2. 锅里热油，下蒜末炒香。

3. 加入1汤匙生抽、1/2汤匙陈醋、少许盐和糖，再加入2汤匙清水炒匀。

4. 把娃娃菜在蒸碗或盘子里码好，浇上炒好的蒜蓉。

5. 将蒜蓉娃娃菜放入蒸锅里，上汽后蒸10分钟。最后在蒜蓉蒸娃娃菜上撒上葱花和小米椒即可。

> **烹饪秘籍**
> 粉丝用温水泡软后，和娃娃菜一起蒸也很好吃哦。

秋葵蒸鸡蛋羹

⏳ 25分钟　　👨‍🍳 简单

用料

| 鸡蛋3个 | 秋葵2根 | 盐1茶匙 | 香油几滴 |

做法

1. 把秋葵洗净，切成片。

2. 碗里打入3个鸡蛋，加入鸡蛋液1.5倍的清水和1茶匙盐混合均匀。把混合好的鸡蛋液过筛，过滤蛋筋，撇去浮沫。

3. 把蛋液倒入蒸碗中，面上放上秋葵，秋葵的切面朝上。蒸碗上盖好保鲜膜，用牙签扎一些小孔方便透气。

4. 把蒸碗放入蒸箱，上火蒸10分钟。最后在鸡蛋羹上淋一些香油即可。

> **烹饪秘籍**
> 如果想要味道更鲜美，还可以淋上1汤匙生抽，表面颜色就会更深。

蒜蓉粉丝蒸香菇 化痰理气

⧗ 35分钟　　♤ 简单

香菇入口顺滑，搭配酱香浓郁的蒜蓉和晶莹剔透的粉丝，无论从视觉还是口感上，都与鲍鱼有几分相似，好吃极了。

用料

干粉丝1把　｜　蒜末30克　｜　小米椒10克
葱花适量　｜　食用油1汤匙　｜　蚝油1汤匙
生抽1汤匙　｜　盐1克　｜　白糖2克
鲜香菇5～6个

烹饪秘籍

1. 粉丝要提前充分泡软，蒸后才不会硬心。

2. 炒蒜蓉的时候用小火，不要把蒜末炒焦。

做法

1. 干粉丝提前用清水泡软，把大蒜切成蒜末，小米椒和葱花切好备用。

2. 香菇洗净，剪掉香菇柄，翻过来用小刀划格子，帮助入味，注意不要划断。

3. 锅里热油，下蒜末和小米椒爆香。

4. 加入1汤匙蚝油、1汤匙生抽、1克盐、2克糖，翻炒均匀。

5. 把泡软的粉丝放在香菇碗里。

6. 再把炒好的蒜蓉酱用汤匙子舀到粉丝中间。

7. 把蒜蓉粉丝香菇放入蒸锅，水开后大火蒸15分钟。

8. 蒸好后撒上葱花即可。

119

清蒸鲈鱼 （补肝肾）

⏳ 20分钟　　👨‍🍳 简单

用料

鲜鲈鱼1条　｜　小葱5克　｜　生姜10克　｜　小辣椒2个　｜　香菜5克

大蒜3瓣　｜　盐2克　｜　料酒少许　｜　蒸鱼豉油20毫升　｜　食用油适量

做法

1. 将鲜鲈鱼收拾干净；小葱洗净葱白部分切段、剩余部分切成葱花；生姜去皮切片；小辣椒斜切成小段；香菜洗净切段；大蒜去皮切成末。

2. 鲈鱼表面切斜道，方便入味，把葱段和姜塞进鱼肚子中。

3. 在鲈鱼表面抹上一层料酒，再倒少许料酒到鱼肚子里，去腥。

4. 在鲈鱼表面抹一层盐。

5. 把鲈鱼放入鱼盘，再放入蒸箱蒸，时间设置10分钟。用蒸锅的话，水开后，大火蒸10分钟。

6. 鲈鱼蒸好后，在表面撒上蒜末、葱花、辣椒段和香菜段。

7. 倒入蒸鱼豉油。

8. 最后浇上烧至八成的热油，"刺啦"的一声，香气扑鼻，端上桌就可以开吃啦。

烹饪秘籍

不能吃辣的话，可以不放辣椒，或者换成红椒丝，颜色也很好看哦。

鱼是我们生活中比较常见的一种食物。我国民间俗语说"无鱼不成宴",逢年过节的时候更是讲究,年夜饭必须要有鱼,求的是"年年有余"的好意头。这道清蒸鲈鱼,肉质细嫩爽滑,鲜美无比。

低脂版香菇滑鸡

⏳ 30分钟　　👨‍🍳 简单

用料

鸡胸肉1块 ｜ 香菇3朵 ｜ 姜3片 ｜ 料酒1汤匙
生抽1汤匙 ｜ 蚝油1汤匙
盐、白糖、胡椒粉各1茶匙 ｜ 淀粉1汤匙
植物油1汤匙 ｜ 葱花、红椒丁适量

做法

1. 鸡胸肉洗净切成片，香菇洗净切成片，葱花切好，红椒丁切好（也可用小米椒）。

2. 鸡胸肉片放入碗中，加入切好的姜丝、料酒、生抽、蚝油、盐、糖、少许胡椒粉、淀粉、植物油。把鸡胸肉和所有调料抓匀。

3. 鸡肉中加入香菇片抓匀后放入蒸碗中，腌制半小时。

4. 腌制好的香菇滑鸡放入蒸锅蒸制20分钟。蒸好后撒上葱花、红椒丁点缀即可。

烹饪秘籍

最后的红椒丁主要是点缀用，让成品颜色更好看。如果喜欢吃辣，可以在腌制的时候就加入小米辣椒圈或者辣椒粉。

豆腐蒸蛋　补充钙质和蛋白质

⏳ 25分钟　　👨‍🍳 简单

用料

内酯豆腐1块 ｜ 鸡蛋2个 ｜ 火腿肠1根
小葱10克 ｜ 生抽1汤匙 ｜ 蚝油1/2汤匙

做法

1. 内酯豆腐切成片码在盘中，火腿肠切碎，小葱切葱花。

2. 两个鸡蛋打散，加入小半碗清水拌匀。把鸡蛋液过筛，去掉蛋筋和泡沫。

3. 把鸡蛋液倒入码好豆腐的盘中。把盘子放入蒸锅，上汽后蒸10分钟。

4. 碗中加1汤匙生抽、1/2汤匙蚝油和少许凉白开水拌匀。

5. 蛋液凝固后，把调料汁倒入盘中。撒上火腿碎和葱花，再蒸2分钟即可。

烹饪秘籍

内酯豆腐比较嫩，容易碎，从盒子中倒扣在盘中和切块的时候要小心，保持豆腐的完整性。也可以用嫩豆腐、日本豆腐代替。

黑椒南瓜蒸鸡胸肉

⏳ 30分钟　👨‍🍳 简单

用料

鸡胸肉1块	贝贝南瓜1/2个	盐5克
白糖10克	淀粉5克	黑胡椒粉1克
生抽10毫升	食用油10毫升	葱花适量

做法

1. 把鸡胸肉切成丁，贝贝南瓜去皮切成丁，小葱切成葱花。

2. 鸡胸肉中加入盐、糖、淀粉、黑胡椒粉、生抽、食用油，抓匀后腌制15分钟。

3. 盘子里铺好南瓜丁，把腌制好的鸡胸肉铺到南瓜丁上。把盘子放入蒸箱，蒸12分钟。如果用蒸锅，水开后大火蒸12分钟。蒸好后撒上葱花即可。

🌸 **烹饪秘籍**

　　如果用普通的南瓜，因为皮比较厚会影响口感，所以需要去皮，但是贝贝南瓜皮生的时候切起来有点发硬，煮熟后就变软了，口感也不差，所以不去皮直接蒸也可以。

清蒸芋头

⏳ 30分钟　👨‍🍳 简单

用料

荔浦芋头450克	生抽1汤匙	蚝油1汤匙
盐1茶匙	植物油1茶匙	葱花适量
小米椒2根		

做法

1. 把荔浦芋头去皮，切成滚刀块。

2. 在芋头中加入1汤匙生抽、1汤匙蚝油、1茶匙盐、1汤匙植物油，搅拌均匀。

3. 把芋头放入蒸箱，蒸20分钟（用蒸锅的话，水烧开后放入）。

4. 出锅时撒上葱花和小米椒圈，开吃吧！

🌸 **烹饪秘籍**

　　芋头的主要成分是淀粉，因此可以被归纳到主食类。减肥其间如果吃了芋头，需扣除正餐里相应主食的分量。

白菜炖豆腐

⏳ 25分钟　　👨‍🍳 简单

用料

| 大白菜1/2棵 | 北豆腐1块 | 葱、姜、蒜适量 | 生抽1汤匙 |

清水1碗　｜　盐1茶匙　｜　食用油2汤匙　｜　葱花适量

做法

1. 白菜洗净撕成小块，北豆腐切成小块，葱、姜、蒜切好，小葱切成葱花备用。

2. 锅里热油，下葱、姜、蒜爆香。

3. 下入白菜翻炒片刻。

4. 倒入豆腐块，稍微炒匀。

5. 加入1汤匙生抽。

6. 倒入1碗清水，再加1茶匙盐，稍微翻炒均匀。

7. 盖上盖子炖煮，约8分钟。

8. 炖好后，撒上葱花，即可出锅。

烹饪秘籍

菜品的咸淡可以根据自己的口味调整，豆腐要用北豆腐，这样才翻炒的时候不容易炒碎，避免影响成品颜值。

白菜炖豆腐是一道常见的家常菜。它的制作工艺简单，材料易得，且具有一定的减肥功效，对病后调养、减肥、细腻肌肤都有好处。

黄焖砂锅鱼 利水下气

⏳ 30分钟　　♨ 简单

这道黄焖砂锅鱼口味咸香，汤浓味美，汤汁还可用来浇饭，特别好吃！

用料

鲤鱼1条　｜　青尖椒、红尖椒各1个
生姜、小葱适量　｜　盐3茶匙　｜　生抽2汤匙
菜籽油适量　｜　胡椒粉适量

烹饪秘籍

1. 用菜籽油煎鱼，鱼更香，颜色也更好看。

2. 腌制鱼块的时候要保证每一片鱼块都能腌到，这样的成品才更好吃。

做法

1. 鲤鱼收拾好，去鳃去鳞，洗净，切成块备用。鲤鱼特别大，一餐吃不完，所以我把鱼头部分留下来，可以炖汤喝。

2. 把鲤鱼块放入盆中，加入2茶匙盐和2汤匙生抽，用手抓匀，腌制15分钟。

3. 把青红尖椒切成小段，生姜切成丝，小葱切段。

4. 锅里下入菜籽油，烧热，开中小火，下入鱼块煎至一面金黄，翻面继续煎。煎的时候可以晃动一下锅，避免鱼块粘在一起。

5. 两面煎香后，再放入生姜丝煎一会儿，增加香味。然后加入纯净水，没过鱼块即可，大火烧开。

6. 把鱼块倒入砂锅中，加1茶匙盐，加盖炖5分钟。

7. 炖好后加入青红尖椒圈，用汤匙把汤淋在尖椒圈上，能逼出香味。继续用小火炖一会儿。

8. 最后放入葱段，撒入少许胡椒粉，美味的黄焖砂锅鱼就做好了。

油焖大虾

⏳ 20分钟　　🍴 简单

油焖大虾是一道历史悠久的名菜，色泽红亮，味香飘逸，鲜嫩微甜，油润适口。虾含有丰富的蛋白质，而热量却很低，它的肉质松软，容易消化且富含钙。

用料

大虾250克	番茄酱2汤匙	生抽1汤匙
料酒1汤匙	小葱3根	姜2片　蒜3瓣
食用油适量	白砂糖1茶匙	盐适量

烹饪秘籍

　　煎虾的时候按压虾头会出红油，这样做出的虾颜色更加诱人，味道也更鲜美，但是不要压得太用力，避免破坏虾的完整性。

做法

1. 把虾用清水清洗干净，尤其是虾的虾头和虾的腹部，剪掉虾须。然后用竹签插入虾背的第二节，轻轻松松就能把虾线完整挑出。虾一定要去虾线，否则会影响虾的鲜甜口感。

2. 葱切成段，姜切成丝，蒜剁成蓉，备用。

3. 碗里加入1汤匙生抽，1汤匙料酒，1茶匙白砂糖、少许盐拌匀备用。

4. 锅中加入食用油，烧至六七成热。倒入大虾，翻炒均匀，使每只虾都沾上油。

5. 煎至两面变红出虾油，其间可以压一压大虾的头部，使得大虾出更多的虾油。

6. 将煎好的虾盛出来备用。锅内留底油，放入姜、葱、蒜末爆香，加入番茄酱略炒片刻。

7. 加入一小碗水，水沸后放入煎好的大虾，炒匀，然后倒入调好的酱汁，翻匀。

8. 加盖焖制一会儿，焖至汤汁浓稠即可。

香辣口水火锅丸子

⏳ 20分钟　　👨‍🍳 简单

用料

混合火锅丸子1盘　｜　葱花1汤匙　｜　蒜末1汤匙
辣椒面1汤匙　｜　白糖1汤匙　｜　盐1茶匙
五香粉1茶匙　｜　蚝油1汤匙　｜　鸡精1茶匙
食用油适量

做法

1. 锅里烧开水，把所有丸子下入锅中煮熟，然后捞出沥干水分。
2. 切好葱花和蒜末放入碗中。在碗中加入辣椒面、白糖、盐、五香粉、蚝油、鸡精。
3. 油烧热浇入碗中，把调味料拌匀。
4. 把调味料和各种丸子拌匀，装盘后再撒一些葱花点缀即可。

烹饪秘籍

喜欢吃辣的朋友可以放点小米椒，还可以撒入熟白芝麻，增添香味。

白灼秋葵

⏳ 10分钟　　👨‍🍳 简单

用料

秋葵300克　｜　大蒜6瓣　｜　食用油10毫升
酱油1汤匙　｜　醋1汤匙　｜　盐少许

做法

1. 秋葵洗净，刷掉表面绒毛，切掉蒂。蒜切末。
2. 锅里清水煮沸，下入秋葵，放少许盐，焯2～3分钟即可，然后捞出沥水。
3. 锅里热油，下蒜末爆香。
4. 再加入1汤匙酱油、1汤匙醋炒匀。
5. 把炒好的酱料淋在码好的秋葵上即可。

烹饪秘籍

如何清洗秋葵呢？在盆中放入干燥的秋葵，用适当的盐把秋葵表面的绒毛搓掉，再用水反复清洗干净，即可清除掉表层的绒毛和污渍。

咖喱牛肉丸

增强体质　适合做便当

⏳ 20分钟　🍳 简单

牛肉丸营养丰富，味道鲜美，一般用来煮汤或涮火锅，今天介绍一种充满异域风情的吃法——咖喱牛肉丸。做法简单，吃起来回味无穷。

用料

潮汕牛肉丸10颗　｜　土豆1个　｜　胡萝卜1根
咖喱块3块　｜　大蒜2瓣　｜　食用油适量

🍳 烹饪秘籍

配菜里还可以加入洋葱一起翻炒，味道会更正宗哦。

做法

1. 胡萝卜洗净去皮切块。

2. 土豆洗净去皮切块，泡在清水中避免氧化。

3. 炒锅烧热油，下蒜片爆香。

4. 放入土豆块和胡萝卜块翻炒片刻。

5. 加适量开水，没过食材。放入洗净的潮汕牛肉丸。

6. 待土豆和胡萝卜软烂后放入咖喱块，用锅铲翻炒均匀。

7. 咖喱块完全溶化后，待汤汁浓稠即可起锅。

柠檬手撕鸡

⏳ 20分钟　　👨‍🍳 简单

用料

鸡腿2个 | 柠檬半个 | 小米辣适量 | 葱、姜、蒜适量 | 香菜末1汤匙 | 料酒1汤匙

生抽3汤匙 | 陈醋2汤匙 | 白砂糖（或代糖）1汤匙 | 盐适量 | 香油少许 | 熟芝麻1汤匙

做法

1. 所有食材洗净。生姜切片；葱切成段；小米椒切成小圈；香菜切碎；切好蒜末和姜末；柠檬用盐搓洗干净，然后切成片。

2. 鸡大腿洗净后放入冷水中，加入葱、姜和1汤匙料酒。

3. 煮开后撇去血沫，盖上盖，转小火煮15分钟，煮至用筷子扎鸡胸肉不出血水即可。

4. 鸡腿放入凉白开或矿泉水中。

5. 鸡腿放温后，撕成条状。

6. 碗中加入3汤匙生抽、2汤匙陈醋、1汤匙白砂糖（或代糖）、1茶匙盐搅拌均匀。

7. 盛鸡肉的盆中加入小米椒、姜末、蒜末、香菜末、熟芝麻和适量香油，放入切好的柠檬片。

8. 把调好的调料汁倒入盆中，戴好手套把所有食材抓匀即可。

烹饪秘籍

1. 鸡腿要冷水下锅煮，如果用热水，鸡腿下锅肉一收紧，里面的血水就出不来，起不到去腥的效果。

2. 熟芝麻也可以用炸花生米代替，同样很好吃。

130

炎热的夏天，胃口不好的时候来点凉菜，清爽又开胃。健康低脂的快手菜"柠檬手撕鸡"，从食材的准备到端上桌，不到二十分钟。步骤简单，做法快速，而且颜值高，多吃也不怕胖，适合有格调、爱健康、爱美食的你。

日式牛油果冷豆腐

⏳ 10分钟　　👨‍🍳 简单

用料

牛油果1/2个 ｜ 豆腐1/2块 ｜ 日式酱油3汤匙
芝麻海苔碎3汤匙

做法

1. 豆腐对半切后，再切成片。

2. 牛油果对半切开，拧开去核，剥掉皮切成片。

3. 按一片牛油果一片豆腐的顺序码好。

4. 倒入日式酱油，中间撒上芝麻海苔碎即可。

> **烹饪秘籍**
> 我用的凉拌豆腐可以直接吃，用别的豆腐可以蒸熟放凉后再切。没有日式酱油的话，用普通生抽也可以。

香椿拌豆腐

⏳ 20分钟　　👨‍🍳 简单

用料

香椿80克 ｜ 北豆腐250克 ｜ 生抽1汤匙
橄榄油1/2汤匙 ｜ 香油1/2汤匙

做法

1. 香椿洗净，北豆腐切成小方块。

2. 锅里烧开水后下入香椿，焯水至变成绿色，约1分钟。

3. 香椿迅速过凉水后去根部、切碎。过凉水可以将香椿焯水过后残留的硝酸盐和亚硝酸盐清理干净。

4. 北豆腐也下沸水焯1分钟，捞出沥水。

5. 把香椿碎和豆腐块放入盘中，加1汤匙生抽、1/2汤匙橄榄油、1/2汤匙香油拌匀即可。

> **烹饪秘籍**
> 香椿要选叶子紫红色，芽长16厘米以下的嫩芽，不同时期香椿的硝酸盐和亚硝酸盐含量不同，发芽期香椿的硝酸盐和亚硝酸盐含量最低。

酸辣凉拌土豆片 健脾开胃

⏳ 20分钟　　👨‍🍳 简单

用料

土豆2个　｜　食用油适量　｜　小米椒3个
葱花1汤匙　｜　蒜末1汤匙　｜　白芝麻1汤匙
辣椒面1/2茶匙　｜　辣椒粉1/2茶匙　｜　白糖1茶匙
生抽1汤匙　｜　陈醋1汤匙　｜　蚝油1汤匙
盐少许

做法

1. 土豆去皮切成薄片，下沸水煮2分钟，捞出过凉水备用。

2. 碗中放入小米椒圈、葱花、蒜末、白芝麻、辣椒面和辣椒粉。热油浇入碗中，顿时香气扑鼻。

3. 在碗中加入1茶匙白糖、1汤匙生抽、1汤匙陈醋、1汤匙蚝油、少许盐搅拌均匀。

4. 土豆片中浇入凉拌汁拌匀即可。

 烹饪秘籍

喜欢香菜的朋友，可以在最后一步放入香菜末一起拌。

酸辣藕片 增强体质 适合做便当

⏳ 30分钟　　👨‍🍳 简单

用料

莲藕2节　｜　辣椒面1汤匙　｜　蒜末1汤匙
白芝麻1汤匙　｜　葱花1汤匙　｜　小米椒1个
食用油2汤匙　｜　花椒5～6粒　｜　生抽1汤匙
醋1汤匙　｜　白糖1茶匙　｜　鸡精1茶匙
香油1/2汤匙　｜　香菜末1汤匙

做法

1. 莲藕去皮切片后，放入清水里浸泡，去除淀粉。

2. 碗中加入1汤匙辣椒面、1汤匙蒜末、1汤匙白芝麻、1汤匙葱花、1汤匙切碎的小米椒。锅里热2汤匙油，放入花椒爆香，然后浇入碗中。

3. 碗里的食材泼油后，加入生抽、醋、白糖、鸡精、香油、1汤匙香菜碎，然后拌匀。

4. 藕片下沸水煮2分钟，不要煮太久。煮好后，过凉白开水，这样口感会更爽脆，然后沥水，把调好的凉拌汁倒入藕片中拌匀，即可食用。

烹饪秘籍

因为生抽和鸡精都有咸味，所以没有另外放盐。口味重的朋友可以适量加一些盐。同样的方法还可以做凉拌黄瓜等凉菜，很实用哦。

响油黄瓜

清热解毒
美容养颜

⏳ 20分钟　　👨‍🍳 简单

一道颜值美味兼具的凉拌菜——响油黄瓜，凉菜中的颜值担当。黄瓜不要再只会拍了，换个方式做黄瓜，简简单单的刨出黄瓜片，卷好摆盘，然后热油一泼，香气扑鼻。一口一个卷，清脆爽口，吃的时候真是倍儿爽！

用料

黄瓜2根	生抽3汤匙	盐1克
白糖1克	醋2汤匙	干辣椒2根
蒜3瓣	姜3片	香油少许	菜籽油适量

做法

1. 黄瓜洗净，对半切开，用刮皮器把黄瓜刨成长片状。

2. 从黄瓜片的一头开始卷起来，依次卷好所有的黄瓜。

3. 把黄瓜卷摆好盘。

4. 蒜、姜切末，干辣椒洗净剪成小段。

5. 调凉拌汁：碗中加入生抽、盐、白糖、醋、香油调匀（具体用量可根据个人口味增减）。将调好的凉拌汁倒入黄瓜盘中。

6. 把蒜末、姜末、辣椒段放在黄瓜上。菜籽油烧热后浇到黄瓜上，"刺啦"一声，顿时香气扑鼻。这就是所谓的"响油"啦！

烹饪秘籍

1. 黄瓜选择长而直的，容易刨片，挑两个大小差不多的，卷出来也会大小均匀。

2. 调汁很关键，酸甜口可以根据个人口味调整，调汁的时候可以尝一尝，觉得太酸了就多放点白糖，喜欢吃辣的可以多放些辣椒。喜欢花椒味的话，可以在热油步骤中加入花椒爆香，再浇到黄瓜上，别有一番风味哦。

福袋饭

⏳ 50分钟　　👨‍🍳 简单

福袋饭是蛋包饭的一种，不但外表美观，而且可以搭配的食材也很多。金灿灿的色彩和独特的外表特别吉利讨喜。胃口不好的时候，高颜值也是增进食欲的一个要素，当福袋饭被端上桌的那一刻，人们的视线就被吸引啦！

用料

米饭1碗	土鸡蛋3个	胡萝卜1小段
黄瓜1小段	火腿肠1根	玉米粒少许
生抽少许	盐适量	食用油适量

烹饪秘籍

如果没有玉米叶，也可以把黄瓜皮切成细条，过沸水焯烫后，同样可以用来扎福袋的收口。

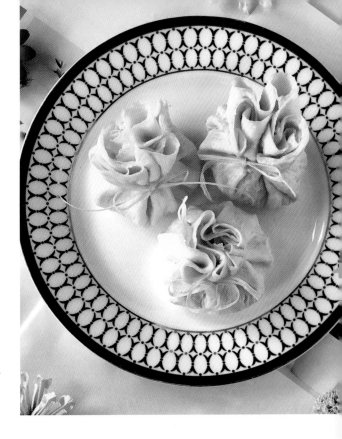

做法

1. 准备好福袋饭的食材，把胡萝卜和黄瓜洗净、去皮、切碎，火腿肠切碎，玉米煮熟、剥粒。

2. 把鸡蛋打散，锅里刷一层油，烧热后，倒入适量鸡蛋液，摊成圆形的蛋皮，两面煎熟。用小火慢煎，避免过焦，蛋皮不要太大，直径约16厘米。也不要太薄，避免包饭的时候破裂。煎好蛋皮后，放凉备用。

3. 直接用煎蛋的锅，加一点油来炒饭。先把不容易熟的胡萝炒熟。

4. 接着把火腿碎、黄瓜碎和玉米粒放入锅中翻炒。

5. 接着倒入米饭翻炒均匀。倒入适量生抽，因为火腿和生抽都有咸味，就没有另外再放盐，可根据个人口味加入适量的盐。

6. 把适量的炒饭舀入蛋皮中间。

7. 边缘捏褶把炒饭包起来，收口用玉米叶撕成的细条扎起来即可。

花环炒饭

⏳ 30分钟　　👨‍🍳 简单

用料

米饭1碗　|　鸡蛋2个　|　黄瓜1小截　|　什锦蔬菜粒1小碗

火腿肠1根　|　小米辣1根　|　生抽2汤匙　|　食用油适量

做法

1. 炒锅里热油，下入打好的鸡蛋液，翻炒至熟。

2. 下入解冻好的什锦蔬菜粒和火腿肠丁翻炒。

3. 下入米饭翻炒。

4. 加入2汤匙生抽翻炒至均匀上色。

5. 取一个圆盘，在圆盘中间扣一个碗，把炒饭围着碗摆好，用汤匙整成一个圆环形。

6. 把中间的碗拿掉，炒饭就成了一个环形。

7. 把黄瓜切成片，模具压出小花的形状，小米辣切成小段，做小花的花心，然后把小花摆到花环炒饭上即可。

烹饪秘籍

花环上的装饰还可以用胡萝卜片、圣女果、西蓝花等食材来装饰。还可以挤上番茄酱、沙拉酱等，装成彩带点缀，也可以用火腿片做成蝴蝶结装饰，尽情DIY吧！

家里如果有剩饭，
大家最常用的解决办法
就是做成炒饭，简单又好
吃。看似平平无奇的一碗炒
饭，只要多用一个碗一个汤匙，
就能做出漂亮的花环炒饭，尤
其在圣诞节的时候，相信端
上桌的那一刻就能吸引
大家的目光！

槐花饭

⏳ 45分钟　👨‍🍳 简单

用料

槐花30克 ｜ 大米200克 ｜ 清水适量
米醋1汤匙、香油1汤匙 ｜ 蒜末1汤匙 ｜ 盐少许

做法

1. 槐花挑出绿叶，洗净沥干水。

2. 大米洗净，放入电饭煲内胆，加入清水，高出米面1指节。

3. 槐花放入电饭煲内，盖好盖，按下煮饭键。

4. 碗里放1汤匙蒜末、1汤匙香油、1汤匙清香米醋，再加少许盐拌匀。

5. 把煮好的槐花饭盛入碗中，浇上调好的调味汁，拌匀后就可以开吃啦。

🍳 烹饪秘籍

《槐香五月》中槐花饭用的是陈醋，陈醋是黑的，米饭拌匀后颜色会变深；这里用的是透明的米醋，拌匀后颜色依然很鲜亮。如果想吃甜的，撒上炒芝麻、拌上蜂蜜即可。

玉米藜麦饭

⏳ 40分钟　👨‍🍳 简单

用料

三色藜麦80克 ｜ 大米80克 ｜ 玉米粒50克

做法

1. 大米和三色藜麦1∶1搭配好，玉米剥好粒。

2. 把大米和三色藜麦洗净放入蒸碗，加入清水浸泡1小时。

3. 把玉米粒放入泡着大米和藜麦的蒸碗，然后放入蒸锅中蒸制40分钟。

4. 玉米比较轻，会浮在上面，吃的时候拌一拌即可。

🍳 烹饪秘籍

藜麦质地坚硬且表面含有一定量的皂角苷，这是一种味道苦并含有微毒的物质，若不浸泡，不仅口感生硬，还会有发苦的情况，对于食用口感和安全性都有所影响。

鸡胸肉波奇饭 增强免疫力

⏳ 40分钟　　👨‍🍳 简单

用料

鸡胸肉200克	西蓝花50克	
玉米粒30克	圣女果5个	牛油果1/2个
蟹肉棒2根	辣白菜30克	大蒜2瓣
食用油适量	生抽1汤匙	蚝油1汤匙
黑胡椒粉适量	橄榄油1汤匙	
黑醋1汤匙	蜂蜜1汤匙	黑胡椒粉1茶匙
盐少许	海苔丝少许	熟白芝麻少许
杂粮饭1碗		

烹饪秘籍

波奇饭的做法和沙拉一样，可以用上你喜欢的各种食材，如黄瓜、胡萝卜、紫甘蓝等。调味汁也可以换成其他自己喜欢的酱料。

网红波奇饭是近几年从夏威夷开始盛行的一种轻食"快餐"。其做法和沙拉差不多，搭配自制灵魂油醋汁，低脂饱腹不怕胖。

做法

1. 鸡胸肉洗净切成丁，加入2瓣大蒜切成的蒜末，再加1汤匙食用油、1汤匙生抽、1汤匙蚝油、适量黑胡椒粉抓匀后腌制20分钟。

2. 西蓝花洗净切成小朵；玉米剥好粒；圣女果洗净；蟹肉棒解冻好；辣白菜准备好。

3. 西蓝花、玉米粒先下沸水焯熟，捞出沥干水备用。西蓝花可以过一下凉水，口感会更脆嫩，颜色也更翠绿。

4. 蟹肉棒撕成丝；牛油果切成薄片；圣女果对半切开。

5. 煎盘里热油，下腌制好的鸡胸肉，煎至金黄熟透。

6. 碗里加1汤匙橄榄油、1汤匙黑醋、1汤匙蜂蜜、1茶匙黑胡椒粉、少许盐搅拌均匀，调成油醋汁。

7. 大碗中盛入煮好的杂粮饭。

8. 把准备好的各种食材码到杂粮饭上面，鸡胸肉放中间，然后撒上剪好的海苔丝和熟白芝麻，波奇饭就做好啦！吃的时候倒入油醋汁拌匀即可。

蒲烧茄子饭

⏳ 40分钟　　👨‍🍳 简单

看上去很像鳗鱼饭？其实这是比鳗鱼饭还要好吃的蒲烧茄子饭，没想到成本不到三块钱的茄子，竟然可以做出这么好吃的料理！茄子的营养也很丰富，含有蛋白质、脂肪、碳水化合物、维生素以及钙、磷、铁等多种营养成分。

用料

茄子2个	生抽2汤匙	蚝油1汤匙
米酒1汤匙	老抽1/2汤匙	蜂蜜2汤匙
盐1茶匙	白糖1茶匙	食用油适量
米饭1碗	熟鸡蛋半个	葱少许
白芝麻少许		

做法

1. 茄子洗净去头去皮，切成两段。蒸锅里加入适量水，烧开后，把茄子上锅蒸15分钟。

2. 茄子蒸好之后，对半切开，再划几刀，注意不要划断，这样就有点鳗鱼的样子了。

3. 调配蒲烧汁：在碗中加入生抽、蚝油、米酒、老抽、蜂蜜、盐、白糖、半碗清水，拌匀。

4. 多功能锅换煎盘，刷一层植物油，烧热。

5. 把茄子放入煎盘，两面煎至金黄。

6. 倒入调配好的蒲烧汁，转大火收汁。过程中用汤匙把汤汁浇在茄子面上，可以翻个面，烧至汤汁浓稠，出锅前撒上白芝麻。

7. 盛一碗米饭，面上摆上蒲烧茄子，再放半个煮熟的鸡蛋，撒一些香葱点缀即可。

🍳 烹饪秘籍

蒲烧汁可根据自己的口味调整咸淡。茄子要挑选表面没有褶皱，看起来光滑亮丽的，鲜嫩的茄子做出来的成品才更好吃。

日式照烧鸡肉便当

⏳ 50分钟　　👨‍🍳 简单

一般的照烧鸡肉饭采用的是鸡腿肉，这里用鸡胸肉可以减少脂肪的摄入。腌制过的鸡胸肉煎至金黄色后浇上浓浓的照烧酱，别提多好吃啦！

用料

大米100克　|　鸡胸肉200克
日式酱油（可用生抽）3茶匙　|　圣女果若干
味醂（可用清酒加糖）3茶匙　|　蜂蜜3茶匙
食用油1汤匙　|　西蓝花适量　|　胡萝卜适量
香油1茶匙　|　盐1茶匙　|　姜2片

烹饪秘籍

用去骨鸡腿肉做法一样，鸡肉腌制时间越长越入味，可放冰箱隔一夜再烹制。

做法

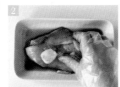

1. 淘洗好的大米放入电饭煲，加入适量清水，然后启动煮饭功能，把米饭煮好。

2. 鸡肉中加入姜片和各1茶匙的日式酱油、蜂蜜、味醂，按摩片刻，然后腌制1小时。

3. 锅里烧开水，下入西蓝花和胡萝卜片焯熟（胡萝卜可以切成小花的形状），然后捞起过凉水，这样能让西蓝花的颜色翠绿，口感也更爽脆。

4. 焯熟的西蓝花和胡萝卜片过凉水后沥干，加入少许香油和盐拌匀。

5. 将分别2茶匙的蜂蜜、日式酱油、味醂倒入小锅，用小火熬成浓稠的照烧酱备用。

6. 平底锅加热放油，放入腌制好的鸡胸肉，用中小火煎制，注意不要煎煳，每面2分钟左右，用筷子戳进鸡肉中间有透明汁水，表明鸡肉已经熟了。

7. 把煮好的米饭盛入便当盒压平，旁边可以放上洗净的圣女果或其他喜欢的水果。

8. 把鸡胸肉切好放在米饭上，周围摆上西蓝花和胡萝卜花，最后淋上熬好的照烧酱即可。

日式牛肉饭

⏳ 20分钟　　👨‍🍳 简单

用料

牛肉卷120克　│　白洋葱60克　│　生抽1汤匙　│　蜂蜜10毫升　│　白糖10克

米酒10毫升　│　盐3克　│　食用油适量　│　米饭1碗　│　白芝麻

做法

1. 把生抽、蜂蜜、糖、米酒、盐混合拌匀，调成调味汁备用。

2. 烧一小锅开水，把牛肉卷焯烫片刻捞起，去掉血沫。

3. 锅里放油，下白洋葱炒香。

4. 倒入焯过的牛肉一起翻炒。

5. 倒入调味汁翻炒。

6. 再倒入半碗水，大火烧开。

7. 转小火煮至汤汁浓稠，关火，起锅。

8. 盛一碗米饭，把炒好的牛肉盖在饭上，撒上少许白芝麻即可。

🍳 烹饪秘籍

西蓝花和胡萝卜片焯熟后，加少许香油和盐拌匀，搭配到牛肉饭里，营养更丰富。

最近几年，日式快餐越来越受到大家的喜欢。它的特点是口味清香、爽口、不油腻，而且比较健康。其实日式快餐在家很容易就能烹饪，只要我们把需要的调料准备好，小白也能瞬间成为日餐大厨。

143

虾仁时蔬意面

⏳ 30分钟　　👨‍🍳 简单

用料

虾仁120克 ｜ 什锦蔬菜粒5汤匙 ｜ 意大利面1把 ｜ 大蒜1瓣 ｜ 料酒1汤匙 ｜ 黑胡椒碎适量

黄油15克 ｜ 番茄酱适量 ｜ 盐适量 ｜ 罗勒碎适量 ｜ 薄荷叶少许 ｜ 橄榄油（煮面）1茶匙

做法

1. 虾仁自然解冻后洗净，用厨房纸吸干水分，然后放料酒去腥，磨入黑胡椒颗粒，抓匀后腌制半小时以上。

2. 锅烧热，下黄油融化，大蒜拍碎后下入锅里爆香。

3. 下入虾仁翻炒至变色。

4. 加入时蔬粒，翻炒至熟。

5. 加入番茄酱和少许盐，炒匀，关火备用。

6. 炒虾仁的同时可以煮面，在锅里放适量水烧开，加入1茶匙橄榄油和1茶匙盐，然后把意大利面下入沸水中。

7. 煮15分钟左右，捞起，沥干水。

8. 然后把时蔬虾仁和煮好的意大利面拌匀、装盘，撒上一些罗勒碎和薄荷叶装饰即可。

烹饪秘籍

我用的是速冻的什锦蔬菜粒，也可以自己准备，用豌豆、玉米粒、胡萝卜丁即可。

虾仁的热量很低，并
富含蛋白质、维生素A、B
族维生素、维生素D、维生素
E、钙、钾、镁、磷、锌、铁、
铜等营养元素，是人体补充营养
的好食材。虾仁和蔬菜丁一起
做成意面，不仅有格调，
营养也很全面。

这道面色彩丰富，低脂低卡，清爽好吃不油腻。学会这个凉拌汁的比例，拌什么面都好吃哦！

五彩凉拌鸡丝鱼面

低脂低卡

适合做便当

⏳ 40分钟　　👨‍🍳 简单

用料

鱼面120克	鸡胸肉1块	鸡蛋1个
紫甘蓝50克	黄瓜50克	胡萝卜50克
生姜3片	食用油少许	料酒1汤匙
生抽3汤匙	醋2汤匙	白糖1汤匙
蚝油1汤匙	蒜末1汤匙
熟白芝麻1汤匙

 扫码看视频
轻松跟着做

烹饪秘籍

没有鱼面的话，也可以用荞麦面，一样的低卡低脂。

做法

1. 分别把紫甘蓝、黄瓜、胡萝卜洗净切成丝。

2. 平底锅刷一层油，倒入鸡蛋液，摊成蛋皮。

3. 把蛋皮切成丝备用。

4. 鸡胸肉冷水下锅，倒入1汤匙料酒，放3片姜，待鸡胸肉煮熟后，捞出沥水放凉。

5. 把鸡胸肉撕成鸡丝备用。

6. 把鱼面放入沸水中煮熟，捞出沥干水。

7. 调配凉拌汁：碗中加入3汤匙生抽、2汤匙醋、各1汤匙糖、蚝油、蒜末、熟白芝麻，再加少许温水拌匀。

8. 把鱼面放在盘子中间，周围摆上各种蔬菜丝和煎蛋丝、鸡丝，吃的时候倒入凉拌汁，拌匀即可。

白萝卜鲫鱼汤 缓解疲劳

⏳ 20分钟　　🍴 简单

把白萝卜切成丝和鲫鱼一起炖汤，萝卜入口即化，鲫鱼鲜嫩可口，有颜值又美味。乳白色的鲜美鲫鱼汤搭配晶莹的萝卜，加上微辣的老姜味道，非常美味哦。

用料

鲫鱼1条 ｜ 白萝卜半个 ｜ 大葱1段
姜3片 ｜ 香葱适量 ｜ 油适量 ｜ 盐适量
白胡椒粉适量

做法

1. 鲫鱼洗净用厨房纸擦干，白萝卜去皮擦成丝，大葱切段，小葱切成葱花，姜切丝。

2. 锅里放油烧热，把鲫鱼两面煎黄，盛出。

3. 用锅里剩余的油，将大葱、姜煸炒出香味。

4. 锅里加热水，把鲫鱼放进去。

5. 鱼汤炖成奶白色后，调入盐、白胡椒粉。

6. 加入白萝卜丝继续中火煮3、4分钟，直到白萝卜丝煮软，最后撒上葱花即可。

烹饪秘籍

1. 白萝卜的量可以根据自己的喜好添加，并无特别要求。

2. 先将鲫鱼两面煎黄再煮，这样炖汤不光汤汁好喝、鱼肉不会煮烂，汤也不会浑浊有渣滓。

3. 最好不要加料酒、醋这些东西，会影响汤色。

虫草花山药鸡汤 增强体质

⏳ 65分钟　🍳 简单

用料

鸡肉500克 | 山药100克 | 红枣5颗
虫草花45克 | 枸杞子若干 | 姜片3片
料酒1汤匙 | 盐少许

做法

1. 半只鸡洗净切成块，虫草花洗净，山药去皮切成斜段，生姜去皮切成块，红枣和枸杞子洗净备用。

2. 鸡肉冷水下锅，加入1汤匙料酒去腥，把水烧开。

3. 水开以后，撇去浮沫。把鸡肉洗净，放入高压锅内。

4. 把除了枸杞子以外的食材全部放入高压锅，加入适量清水，没过食材。盖好高压锅，选择"煲汤"功能。

5. 鸡汤煲好后，撒入洗净的枸杞子，再盖上盖子焖3~5分钟即可。

红菇鸡汤 补血养气

⏳ 70分钟　🍳 简单

用料

鸡肉660克 | 红菇干10个 | 生姜3片
食用油1汤匙 | 料酒1汤匙 | 盐适量

做法

1. 生姜去皮切成丝。鸡肉洗净冷水下锅，水开后撇去血沫再用温水洗净。

2. 锅里放少许油，下入姜丝和鸡肉，加1汤匙料酒翻炒片刻。炒过的鸡肉炖汤更好吃。

3. 鸡肉放入炖盅，加入适量清水没过鸡肉，盖好盖子，先隔水炖1小时。

4. 红菇干提前15分钟泡发即可，泡好的红菇再次洗净，剪掉根部。泡发红菇的水不要倒掉，过滤一下备用。

5. 1小时后，在炖盅里倒入泡红菇的水，加入红菇，继续炖10分钟。最后加入少许盐即可。红菇不需要炖太久，以免破坏红菇的营养价值。

烹饪秘籍

秋季的话还可以加入板栗，简直太美味。鸡汤比较油，如果不好撇油，可以先把鸡汤进行冷藏，再撇掉面上的油。这样可以给肠胃比较虚弱的老人或孩子喝。

烹饪秘籍

红菇不宜浸泡太长时间，泡的时间太长会失去它原有的红色，从而失去鲜味，营养也会流失。泡发的水一定不要倒掉，精华都在里面。

山药鸽子汤 _{补肾益肝}

⏳ 100分钟　👨‍🍳 简单

用料

乳鸽1只 ｜ 料酒1汤匙 ｜ 红枣5颗 ｜ 山药200克
枸杞子十几颗 ｜ 姜2片 ｜ 盐适量

做法

1. 乳鸽内脏处理干净，里外洗净。生姜去皮切片。山药去皮切块，浸泡在清水里备用，防止氧化。

2. 剪掉鸽子屁股，把鸽子放入冷水中，加料酒。水烧开后，撇去浮沫，捞出鸽子后再用温水洗净。

3. 把鸽子、山药、红枣、姜片一起放入大炖盅，加入适量清水（约炖盅一半高）。盖好盖子，选择"炖"功能，时间1.5小时。

4. 煲好后，加入枸杞子，盖上盖子焖一会儿。喝的时候根据个人口味添加盐即可。

烹饪秘籍

削山药皮时要戴好手套，因为山药汁中含有植物碱、山药皮里含有皂角素，接触皮肤会刺痒。

玉米山药排骨浓汤 _{提高身体抵抗力}

⏳ 70分钟　👨‍🍳 简单

用料

猪排骨500克 ｜ 胡萝卜150克 ｜ 玉米250克
山药150克 ｜ 红枣6颗 ｜ 枸杞子15克 ｜ 葱15克
姜6片 ｜ 料酒1汤匙 ｜ 食用油15克 ｜ 盐少许

做法

1. 排骨洗净，冷水下锅，加入1汤匙料酒、3片生姜去腥。水开后撇去血沫，捞出排骨用温水洗净备用。

2. 焖焗锅预热2分钟，热油下葱姜爆香后下排骨煎炒。排骨煎炒后再炖，汤汁会更加香浓醇厚。

3. 开水倒入锅中没过排骨，盖好焖焗锅的盖子，用中小火炖煮30分钟。

4. 玉米洗净切段；胡萝卜去皮、切滚刀块；山药去皮、切成段，泡在清水里防止氧化；红枣洗净备用。

5. 30分钟后下入胡萝卜、玉米和红枣，继续炖煮15分钟。再加入山药炖煮10分钟后撒入枸杞子，盖上锅盖焖5分钟，喝汤的时候加入盐调味即可。

烹饪秘籍

枸杞子不需要煮太久，汤炖好后焖3~5分钟即可，否则会煮烂褪色，影响颜值。

番茄菌菇豆腐汤 开胃消食

⏳ 30分钟　　👨‍🍳 简单

白白嫩嫩的豆腐配上红色的番茄、黄色的鸡蛋，再来点菌菇提鲜，味美汤浓开胃爽口，低脂低卡又营养美味。

用料

番茄1个　|　蟹味菇+白玉菇120克

内酯豆腐350克　|　鸡蛋1个　|　葱花适量

生抽1汤匙　|　胡椒粉少许　|　水淀粉1汤匙

食用油适量

🍳 烹饪秘籍

菌类营养成分很高，但是极易滋生细菌，焯水可以将细菌杀灭。另外菌类本身有一股独特的味道，有些人不是很喜欢，用焯水的方式可以降低菌类的怪味。

做法

1. 番茄表面划"十"字口，放入沸水中烫一会儿，把皮去掉。

2. 去掉番茄硬部，切成小块；海鲜菇和白玉菇洗净；小葱切成葱花；内酯豆腐切成块。

3. 菌菇下沸水焯烫1分钟，然后捞出沥干备用。

4. 锅里下油烧热，放入番茄翻炒出汁后，再加入菌菇一起翻炒。

5. 加入适量开水，下入豆腐一起煮。

6. 汤中加入1汤匙生抽和适量胡椒粉。

7. 倒入水淀粉，再加入打散的鸡蛋。

8. 鸡蛋煮熟后，撒入葱花即可。

番茄珍珠疙瘩汤

增强机体的
免疫能力

⏳ 25分钟　🍴 简单

胃口不佳的时候，做一份番茄珍珠疙瘩汤。番茄的酸帮助开胃，珍珠一样的疙瘩顺滑柔软，没有过多的调味料，快手、好吃、易消化，老少皆宜。

用料

番茄1个	面粉100克	清水90毫升
鸡蛋2个	小葱15克	生抽2汤匙
食用油适量		

 烹饪秘籍

可以根据个人口味加入香菜或别的青菜。

做法

1. 番茄划"十"字刀口，放沸水中烫一会儿，剥掉表皮、去蒂、切成小块。

2. 盆中加入100克面粉、1个鸡蛋、90毫升清水搅拌成均匀顺滑的面糊。

3. 锅中热油，下一半葱白和葱花爆香。

4. 下番茄快炒出汁。

5. 加入适量开水，加入2汤匙生抽。

6. 把面糊舀入漏勺，用勺子或刮刀按压面糊，让面糊均匀地落入沸水中，这样做出来的面疙瘩大小均匀。

7. 面疙瘩煮至漂起，另一个鸡蛋打散，倒入鸡蛋液搅拌至熟。

8. 最后撒入另一半葱花即可出锅。

番茄肥牛锅 补充维生素

⏳ 30分钟　　👨‍🍳 简单

用料

娃娃菜1棵 ｜ 金针菇150克 ｜ 番茄（1个）240克 ｜ 大蒜20克 ｜ 小葱6克 ｜ 肥牛卷200克

食用油20毫升 ｜ 白糖1/2汤匙 ｜ 生抽2汤匙 ｜ 香油1/2汤匙 ｜ 料酒1汤匙 ｜ 韩式辣酱1汤匙

做法

1. 娃娃菜洗净切好；金针菇切掉根部；番茄切成小块；大蒜切碎；小葱切成葱花。

2. 调酱汁：碗中加入1/2汤匙白糖，2汤匙生抽，1/2汤匙香油，1汤匙料酒，1汤匙韩式辣酱混合均匀。

3. 焖焗锅预热后，倒入食用油烧热，下蒜末炒香。

4. 铺上一层金针菇。

5. 铺上娃娃菜。

6. 铺上肥牛卷。

7. 铺上番茄块。

8. 浇上酱汁。

9. 倒入开水，没过所有食材。

10. 盖上盖，焖煮10分钟，煮好后撒上葱花即可。

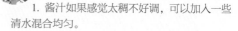

烹饪秘籍

1. 酱汁如果感觉太稠不好调，可以加入一些清水混合均匀。

2. 方子里没有加盐，如果觉得不够咸可以根据自己的口味加少许盐调味。

胃口不好的时候，就想吃些酸酸的食物，既开胃又下饭。小菁给大家带来的这道番茄肥牛锅，好吃到汤汁都不剩哦。

153

懒人版寿喜锅 强壮筋骨

⏳ 30分钟　　👨‍🍳 简单

寒冷的冬天，跟朋友围坐在热气腾腾的锅边，听着咕噜咕噜的沸腾声，夹起鲜嫩肥美浸满甜蜜汤汁的牛肉，满满都是幸福感！这就是寿喜锅，其灵魂就在于它的调味部分：由酱油、味醂、砂糖调制而成的酱汁，在家也能轻松做。

用料

生菜几片　｜　娃娃菜几片　｜　胡萝卜半根
香菇3个　｜　海带结、魔芋结、鱼豆腐、
千叶豆腐、蟹肉棒、肥牛卷适量
日式酱油8汤匙　｜　味醂6汤匙　｜　白糖4汤匙
水2汤匙

做法

1. 把生菜、娃娃菜、胡萝卜、香菇洗净，胡萝卜去皮。

2. 在香菇的表面上刻"米"字花刀。

3. 胡萝卜切成小花的形状。

4. 调配酱汁——日式酱油：味醂：白糖：水的比例是4：3：2：1。

5. 把各种蔬菜、海带结、魔芋结、鱼豆腐、千叶豆腐、蟹肉棒、肥牛卷在火锅里码好。

6. 把调好的酱汁和高汤按1：7的比例调好（没有高汤的话用开水也行），然后浇在食材上，盖上盖子煮5~8分钟即可。

 烹饪秘籍

牛肉蘸可生食的鸡蛋是正宗的寿喜锅吃法哦！快来试试吧！

低脂酸辣汤

开胃消食

⏳ 25分钟　　☕ 简单

用料

番茄1个	豆腐1/3块	木耳45克
香菇5朵	胡萝卜70克	火腿片3片
鸡蛋1个	生抽1汤匙	陈醋2汤匙
白胡椒粉1茶匙	盐少许	水淀粉半碗
香菜末碎1汤匙	食用油适量	

烹饪秘籍

1. 还可根据喜好加入金针菇等菌类。

2. 不喜欢香菜的朋友可以换成葱花。

3. 如果想要辣一点，可以加入适量辣椒粉，调味料的量根据自己的口味调整。

这道汤可以刺激食欲，让人胃口大开。汤里包含了多种蔬菜，酸辣过瘾且低热量，不仅能满足口腹之欲，还能帮助瘦身。

做法

1. 准备好食材，番茄用沸水烫过后，去皮切块；木耳撕成小片；香菇切成片；豆腐切成块，胡萝卜和火腿切成丝，鸡蛋打散，香菜切碎。

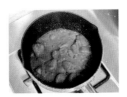

2. 热锅入油，下番茄块翻炒出汁。

3. 加入2大碗热水烧开。

4. 加入木耳、香菇、胡萝卜丝略煮一会儿。再加入火腿和豆腐，所有食材一起煮2分钟。

5. 加入1汤匙生抽、2汤匙醋、1茶匙白胡椒粉、少许盐拌匀。

6. 加入半碗水淀粉（2汤匙淀粉+半碗水拌成水淀粉）。

7. 淋入鸡蛋液，煮开。

8. 最后撒上香菜即可。

无油爆浆鸡排

⏳ 40分钟　👨‍🍳 中等

用料

鸡胸肉2块 ｜ 奶酪3片 ｜ 大蒜2瓣 ｜ 生姜4片 ｜ 葱半棵 ｜ 料酒2汤匙 ｜ 生抽2汤匙

蚝油2汤匙 ｜ 胡椒粉适量 ｜ 烧烤料适量 ｜ 盐少许 ｜ 淀粉适量 ｜ 鸡蛋1个 ｜ 黄色面包糠适量

做法

1. 鸡胸肉洗干净后用肉锤或刀背敲打一下（这样更容易入味），然后从最厚处下刀，平刀把鸡胸肉切成两半，不要切断。

2. 鸡胸肉放入大碗中，加入葱、姜、蒜、料酒、生抽、蚝油、适量胡椒粉、烧烤料（或者十三香、五香粉），再加少许盐。

3. 把各种腌料用手抓匀，轻轻按摩鸡肉，有助于入味。盖上保鲜膜，放入冰箱冷藏2小时以上，隔夜会更加入味。

4. 鸡肉腌好后，准备好淀粉、鸡蛋液和面包糠，奶酪片对半切好。

5. 把奶酪片夹在鸡胸肉中间，注意留出鸡肉边缘。我在每块鸡排中加了1.5片奶酪片，这样爆浆会比较多，可以根据自己的喜好调整奶酪的量。

6. 鸡胸肉包好奶酪片后，对齐边缘，用牙签固定好，防止奶酪在空炸的过程中流出来。

7. 鸡排先裹上一层淀粉，再裹上鸡蛋液，最后沾满面包糠。

8. 空气炸锅预热好之后，在炸篮里铺上锡纸，把两块鸡排一起放入，设置180℃炸20分钟。炸好后趁热把鸡排切开，香浓的奶酪顷刻间流出。

烹饪秘籍

这个方子可以同时做两块鸡排，如果空气炸锅比较小，可以只做一块，方子的量减半即可。用烤箱做也可以，注意烤制的过程中需要翻个面。

爆浆鸡排是台湾本土的经典小吃，金黄酥脆的外表包裹着浓醇的奶酪，令人回味无穷。但传统的爆浆鸡排是油炸的，并不健康，而这个方法全程不加一滴油，酥脆的口感一点都不输外边买的，低脂少油更健康！

家庭版巴西烤肉

扫码看视频
轻松跟着做

⏳ 50分钟　　👨‍🍳 简单

用料

猪里脊250克　|　鸡腿肉250克

青椒、红椒、黄椒各1个　|　香菇5个

洋葱1/2个　|　烧烤酱1袋　|　食用油适量

做法

1. 鸡腿去骨去皮，切成小块。猪里脊肉切成片，和鸡腿肉一起放入盆中，加入烧烤酱搅拌均匀，然后盖上保鲜膜放入冰箱腌制2小时以上。

2. 把青椒、红椒和黄椒分别切成三角形；香菇去蒂，切"十"字刀；洋葱也切成三角形。

3. 多功能锅用深汤锅，底部刷一层油，火力调到中档。把蔬菜和肉类分别放入锅中烤。

4. 一面烤熟了，翻面接着烤熟即可。

烹饪秘籍

家庭版巴西烤肉也可以用烤箱来烤，把处理好的食材穿好串，烤箱预热180℃，将烤肉直接放在网架上（底部放接油盘），烤12~15分钟（烤前和烤中各刷一层油）。

空气炸锅版烤带鱼

⏳ 30分钟　　👨‍🍳 简单

用料

带鱼段400克　|　姜片10片　|　生抽2汤匙

料酒1汤匙　|　蚝油1汤匙　|　盐少许

胡椒粉、孜然粉适量　|　食用油适量

做法

1. 带鱼清洗干净，剪掉鱼鳍，切成小段放入碗中。

2. 在碗中加入切好的姜片、2汤匙生抽、1汤匙料酒、1汤匙蚝油、1茶匙盐、适量胡椒粉，轻轻抓匀。

3. 盖好保鲜膜，放入冰箱冷藏30分钟。

4. 空气炸锅的炸篮里铺好硅油纸，刷一层油防粘。把腌制好的带鱼用厨房纸吸干水分，平铺在硅油纸上，然后在带鱼表面刷一层油，撒上孜然粉。

5. 空气炸锅预热好后，180℃烤10分钟后，将带鱼翻面。再稍微刷一层油，撒上孜然粉，继续烤8分钟，就做好啦。

烹饪秘籍

也可以用家用烤箱烤，喜欢吃辣的朋友，还可以撒上辣椒面。

蒜蓉烤口蘑

 开胃 降脂

⏳ 30分钟　🍳 简单

用料

口蘑12~16个　|　大蒜1头　|　小米椒1个
蚝油1/2汤匙　|　生抽1/2汤匙　|　白糖1茶匙
盐1茶匙　|　食用油适量　|　现磨黑胡椒碎适量

做法

1. 新鲜的口蘑清洗干净，去掉口蘑柄，翻过来备用。大蒜去皮和小米椒一起切碎。

2. 锅中加点油烧热，下入蒜蓉，炒出香味。

3. 加入1/2汤匙蚝油、1/2汤匙生抽，1茶匙盐和糖，小火翻炒均匀，不要炒太久，避免炒焦。

4. 把炒好的蒜蓉酱酿入口蘑中，烤箱预热170℃，预热好之后，放入烤盘，170℃烤15分钟。烤好后装盘，磨上黑胡椒碎即可。

🍳 **烹饪秘籍**

口蘑烤过之后会出汁，汤汁特别鲜美，千万不要浪费掉。

香菇烤鹌鹑蛋

 开胃 健脑

⏳ 25分钟　🍳 简单

用料

新鲜香菇7个　|　鹌鹑蛋7个　|　蚝油适量
香菜少许　|　现磨黑胡椒碎少许

做法

1. 香菇洗净，用剪刀把香菇柄剪掉。翻过来放好，在里边刷上一层蚝油。

2. 把鹌鹑蛋磕入香菇碗中，1个香菇搭配1个鹌鹑蛋。香菇碗的边缘可以薄薄刷一层植物油，防止烤制的时候过焦。

3. 空气炸锅的炸篮里垫上锡纸，放入香菇碗。把炸篮推入空气炸锅中，设置温度180℃，时间15分钟，开始烹饪。香菇在烤制的时候会出水，垫锡纸方便清洗。

4. 香菇鹌鹑蛋烤好后，撒上香菜或香葱点缀，磨上黑胡椒碎增加风味。因为蚝油已经有咸味，可以不用再加盐，如果口味偏重，也可以撒上椒盐，都很好吃！

🍳 **烹饪秘籍**

也可以用烤箱来制作，时间和温度请根据实际情况调整。香菇选择新鲜的圆一些的，不新鲜的香菇是张开的状态，不容易酿入鹌鹑蛋。

新奥尔良鸡胸牙签肉

增强体质 适合做便当

⏳ 40分钟　👨‍🍳 简单

鸡胸肉是出了名的低碳水食材，它的蛋白质含量高，且易被人体吸收。但是普通方法烹饪出的鸡胸肉口感太柴，如同嚼甘蔗一样，小菁给大家安利的这个方法，既简单又好吃！

用料

鸡胸肉2块 ｜ 新奥尔良鸡翅腌料1袋

烹饪秘籍

鸡胸肉片也可以刷油后再烤，我用的是空气炸烤箱，可以无油烹饪，所以没有刷油。如果用普通烤箱，温度和时间请根据实际情况调整，烤制的过程中需要翻一次面。

扫码看视频
轻松跟着做

做法

1. 鸡胸肉切成片，可以稍微切薄一点。

2. 新奥尔良鸡翅腌料中加入30毫升清水，搅拌成均匀的糊状。

3. 把鸡胸肉片放入腌料中，用手抓匀，让每一片鸡肉都裹上腌料。

4. 盖上保鲜膜，放入冰箱冷藏一夜，时间越长越入味。

5. 把牙签放入水中浸泡十分钟，这样牙签在烤制的过程中不容易烧焦。

6. 一片鸡胸肉对应一根牙签，像缝针一样将鸡胸肉穿起来。

7. 烤网上铺锡纸，锡纸上刷一层油防粘，再把穿好的鸡胸肉片全部摆放到锡纸上。

8. 空气炸烤箱,预热200℃，烤网放入中层，200℃烤13分钟。若用普通烤箱，8分钟左右时翻面继续烤，用时相同。

CHAPTER 3

轻松惬意
缤纷下午茶

樱桃莫吉托 消暑解渴

⏳ 20分钟　👨‍🍳 简单

扫码看视频
轻松跟着做

用料

黑珍珠樱桃11颗　|　柠檬片2片
薄荷叶适量　|　零卡糖1汤匙
冰块适量　|　朗姆酒1/3杯
苏打水1/3杯

做法

1. 樱桃和薄荷叶用淡盐水泡过之后洗净；柠檬也用盐搓洗干净；冻好冰块。

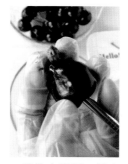

2. 樱桃去掉梗，插入吸管可以轻松去核。去掉10颗樱桃的核，留1个完整的装饰用。

3. 把去核的樱桃对半切好。柠檬切下两片。

4. 樱桃放入玻璃杯中，加入零卡糖捣一捣，腌制片刻。

5. 加入一半的冰块后放入薄荷叶，再加入剩余的冰块。杯壁上贴柠檬片。

6. 汤匙反面朝上，把朗姆酒沿着汤匙缓缓倒入玻璃杯，倒至玻璃杯的一半左右。

7. 同样的方法倒入苏打水，倒满即可。

8. 最后放入薄荷的顶部叶片，加1颗完整的樱桃装饰，樱桃莫吉托就完成啦。

 烹饪秘籍

1. 樱桃也可以换其他水果，尽情DIY吧。

2. 这款是改良版的莫吉托，传统莫吉托用的是青柠檬，我用的是黄柠檬。

3. 市面上销售的各种鸡尾酒也可以替代传统的朗姆酒。

4. 樱桃去核需要用硬一些的吸管。

5. 借助汤匙缓缓倒入酒和苏打水是为了分层效果更好。

莫吉托是一款由五
种材料调制而成的鸡尾
酒：淡朗姆酒、糖（传统上
是用甘蔗汁）、莱姆（青柠）
汁、苏打水和薄荷。我将这种
传统的透明无色鸡尾酒进行了
改良，做成了渐变的颜色，
颜值更高，口感也更有
层次！

"Fresh
Orange
juice"

BANFANG

缤纷水果
苏打水

提神
醒脑

扫码看视频
轻松跟着做

⏳ 10分钟　　👨‍🍳 简单

用料

草莓3颗 ｜ 橙子1个 ｜ 猕猴桃1个

苏打水1罐 ｜ 薄荷叶少许

做法

1. 水果洗净，草莓切丁、橙子和猕猴桃分别去皮切丁。

2. 取一个高玻璃杯，从下到上分三层分别放入猕猴桃丁、橙子丁、草莓丁。

3. 倒入苏打水。

4. 最后放上薄荷叶即可。

烹饪秘籍

水果可以换成西瓜、葡萄、火龙果等，尽情DIY，超级简单哦。

西瓜气泡水

消热解暑
利尿消肿

⏳ 10分钟　　👨‍🍳 简单

用料

西瓜1块 ｜ 白桃味气泡水1/2杯 ｜ 迷迭香少许

做法

1. 西瓜先用挖球器挖出部分小球，剩余的切成小块。

2. 把西瓜块放入榨汁杯榨成西瓜汁。由于西瓜本身水分很多，无须另外加水。

3. 把西瓜小球放入玻璃杯中，倒入冰西瓜汁至半杯高，再倒入白桃味气泡水至杯满即可。

4. 最后用迷迭香或薄荷叶装饰。

烹饪秘籍

白桃味气泡水本身有甜味，加上西瓜也很甜，所以没有另外加糖。也可以用雪碧或者无糖苏打水代替气泡水，尽情DIY吧！

水蜜蟠桃西瓜气泡水

消暑
解渴

⏳ 10分钟　👨‍🍳 简单

西瓜榨成汁后冻成西瓜冰，加入气泡水后会逐渐融化，吃起来会有沙冰的口感，特别适合在炎热的夏季享用。西瓜的冰爽、水蜜蟠桃的软糯，柠檬片的加入更增添了一丝酸爽，交织在一起真是无与伦比的口感。

用料

西瓜汁1杯	水蜜蟠桃1个	柠檬2片
苏打水1杯	白砂糖1汤匙	

做法

1. 西瓜切成小块放入榨汁杯内榨成汁。西瓜水分很多，可以不加一滴水直接榨汁。

2. 把榨好的西瓜汁倒入冰格，放进冰箱冷冻一夜。

3. 水蜜蟠桃去掉皮，对半切后去掉桃核切成块，柠檬切2片备用。成熟的水蜜蟠桃可以直接剥皮，或者借助削皮刀。

4. 把水蜜蟠桃块放入玻璃杯中，加入1汤匙白砂糖搅拌均匀。

5. 在玻璃杯壁上贴上柠檬片，然后用冻好的西瓜冰块填满玻璃杯。

6. 往玻璃杯中倒入苏打水即可。听着滋滋的气泡声让人感觉清爽无比！

烹饪秘籍

1. 如果怕糖分太多，可以不加白砂糖或者用代糖。

2. 用水蜜桃或猕猴桃替代蟠桃也是不错的选择。

3. 苏打水也可以换成雪碧等汽水，发挥你的想象力自由DIY吧！

茉莉花水果茶 美容养颜

⏳ 20分钟　　👨‍🍳 简单

用料

茉莉花茶4克 ｜ 柠檬2片 ｜ 小青橘1个
草莓2个 ｜ 苹果1/4个 ｜ 蔓越莓鲜果5个
蔓越莓汁80毫升

做法

1. 柠檬去子，小青橘对半切去子，草莓去蒂对半切，苹果切成片，蔓越莓鲜果解冻。

2. 将茉莉花茶倒入茶篮中，把茶篮放入养生壶中间，周围放入切好的水果。

3. 倒入清水，没过食材即可，不要超过养生壶的最高水位线。盖好盖，选择"花果茶"功能。

4. 养生壶的完成提示音响后，花果茶就煮好了，最后倒入蔓越莓汁即可。

🍳 **烹饪秘籍**

　　1. 如果没有蔓越莓鲜果，可以用蔓越莓干代替。水果也可以根据自己的喜好来搭配。

　　2. 此茶有独特的酸甜口感，如果喜欢甜味多一些，可以根据自己的口味加糖，或者等茶凉了之后加入蜂蜜。另外，加入冰块做成冷饮也不错哦。

秋梨香橙花果茶 清热养颜

⏳ 15分钟　　👨‍🍳 简单

用料

梨子1个 ｜ 橙子1个 ｜ 蔓越莓鲜果6个
红茶1包 ｜ 冰糖或蜂蜜适量

做法

1. 梨子和橙子洗净，橙子不去皮，所以要用盐先搓洗一下。

2. 橙子切成片，梨子去皮去核，切成小块。

3. 把梨块和橙片放入养生壶，加入清水和红茶包。我用的是玫瑰茄红茶，也就是洛神花茶。

4. 启动"花果茶"程序煮10分钟。最后3分钟的时候加入蔓越莓和冰糖，或者喝的时候加入蜂蜜调味即可。蔓越莓不要煮太久，否则会褪色。

🍳 **烹饪秘籍**

　　如果没有蔓越莓鲜果，也可以用蔓越莓干或是草莓替代蔓越莓。

西柚茉莉花茶

疏肝解郁
提神解乏

⏳ 20分钟　　👨‍🍳 简单

用料

西柚1/2个　|　茉莉花茶4克　|　清水600毫升
红茶1包　|　蜂蜜适量

做法

1. 西柚去皮去衣，取果肉。

2. 把西柚果肉和茉莉花茶放入膳食机或养生壶，加入600毫升的清水，选择"花茶"程序煮10分钟。

3. 10分钟后，加入红茶包，煮一会儿后捞出。

4. 把煮好的西柚茉莉花茶倒入玻璃杯中，加入蜂蜜拌匀，最后加1/3片西柚装饰即可。

 烹饪秘籍

　　如果天气热了，可以放入冰箱冷藏，制成冷饮消暑解渴。

百香果拌黄瓜

清热利咽
排毒养颜

⏳ 15分钟　　👨‍🍳 简单

用料

百香果2个　|　黄瓜1根　|　盐2克
零卡糖或蜂蜜1汤匙

做法

1. 黄瓜去皮，切成小段。

2. 在黄瓜中加入2克食盐抓匀，腌制10分钟后洗净。

3. 百香果对半切开，用勺子挖出果肉和果汁倒入碗中，加入1汤匙零卡糖搅拌均匀。

4. 把黄瓜条码好，浇上百香果汁即可。

烹饪秘籍

　　黄瓜用盐腌制以后可以去除黄瓜中的一些水分，使黄瓜更容易入味，同时改变黄瓜的口感，让黄瓜更爽脆。

雪碧青柠泡萝卜 清热化痰

⏳ 15分钟　　🍳 简单

给大家解锁一个夏天关于白萝卜的新吃法，酸辣爽脆又开胃，专治食欲不振，做法也特别简单，小白也能轻松上手，搭配零糖雪碧和零卡糖，放心吃，不怕胖。

用料

| 白萝卜半个 | 小青柠5个 | 小米椒3 |

零糖雪碧约125毫升 ｜ 白醋2汤匙

零卡糖1/2汤匙 ｜ 食盐1茶匙

做法

1. 白萝卜去皮切成小块；小青柠对半切好；小米椒切成小段。

2. 白萝卜中加1茶匙盐，抓匀后腌制10分钟，然后洗净沥干水分。

3. 把小青柠、小米椒圈和白萝卜片一起放入料理碗中。

4. 在碗中加入1/2汤匙零卡糖（甜度可根据自己的口味调整），再加2汤匙白醋。

5. 倒入零糖雪碧没过食材。

6. 拌匀后浸泡1小时，就可以开吃啦。

 烹饪秘籍

　白萝卜生吃促进消化，其辛辣的成分可增加胃液分泌，调整胃肠机能，还有很强的消炎作用。

家庭版炒酸奶

⏳ 30分钟　　👨‍🍳 简单

炒酸奶作为一种冷饮食品深受大众欢迎。它糅合了冷饮与酸奶的多重功效，冰爽解暑、酸甜开胃。炒酸奶其实在家也可以做，不用炒冰机，只要有冰箱就能做，自己搭配的食材吃起来更放心。

用料

酸奶2盒	草莓、蓝莓若干
猕猴桃（黄绿）各1个	什锦燕麦片小半碗

做法

1. 把所有水果洗净。草莓切成片，两种颜色的猕猴桃全都去皮切成丁。

2. 准备一个平底盘子，可以用烤盘。提前铺上一层保鲜膜或者烘焙纸，防止酸奶和容器之间相互粘连。

3. 往盘中倒入适量酸奶，根据自己喜欢的厚度可以倒入2盒或3盒。震平酸奶或用刮刀、汤匙抹平表面。

4. 将准备好的水果丁均匀地码放在酸奶中，再均匀地撒上什锦燕麦片。

5. 将酸奶盘放进冰箱中冷冻3小时以上。

6. 等酸奶全部冷冻成形，取出切块即可食用。

 烹饪秘籍

一次可以多做一些，放在冰箱中冷冻起来。随吃随取，十分方便，连吃几天都不会坏，不过需要密封保存，才不会形成太多冰碴。

青提酸奶杯 调理肠胃

⏳ 15分钟　　👨‍🍳 简单

用料

纯牛奶800毫升 ｜ 酸奶发酵菌1克
阳光玫瑰青提12颗左右

做法

1. 把不锈钢盆、蛋抽和电饭煲的内胆用开水冲烫消毒，避免杂菌影响酸奶发酵。

2. 先倒一小部分纯牛奶到盆中，倒入一袋酸奶发酵菌，充分拌匀。再倒入全部的牛奶，充分拌匀。

3. 把牛奶倒入电饭煲（或酸奶机）内胆中，盖盖，选择"酸奶"功能。8小时以后酸奶就做好啦。

4. 青提对半切开后，留下几个备用，把剩下的青提和酸奶一同放入榨汁机杯中打成奶昔。

5. 洗净玻璃杯，把青提片沿着杯壁贴一圈，倒入榨好的青提奶昔即可。

🧑‍🍳 烹饪秘籍

1. 酸奶如果直接食用，可加入适量的白砂糖或蜂蜜。

2. 阳光玫瑰青提的甜度比较高，所以不用加糖就很甜很好喝，替换成别的水果也不错。

芒果思慕雪碗 健康代餐

⏳ 15分钟　　👨‍🍳 简单

用料

芒果1个 ｜ 酸奶1杯 ｜ 即食燕麦片适量
冻干草莓1颗 ｜ 冻干芒果1块 ｜ 冻干榴莲1块
薄荷叶5片

做法

1. 芒果对半切下，划出格子，翻出果肉，用汤匙挖下果肉。

2. 把芒果丁、酸奶倒入榨汁机，打成水果奶昔。

3. 把芒果奶昔倒入玻璃碗中；各种冻干果粒切开，也可以用新鲜水果。

4. 在芒果奶昔面上撒一道即食燕麦片；错开摆上三种冻干水果，截面朝上，用薄荷叶装饰即可。

🧑‍🍳 烹饪秘籍

芒果可以换成牛油果、猕猴桃、红心火龙果等，颜色都很漂亮！水果富含维生素，加入燕麦片，补充了膳食纤维，让人产生饱腹感。

香蕉蔓越莓思慕雪

排毒
瘦身

⧗ 15分钟　　🍳 简单

蔓越莓具有一种独特的酸甜口感，还对人体十分有益。这样一杯集齐了酸奶、蔓越莓、香蕉、蓝莓、燕麦片的思慕雪，不仅营养丰富、饱腹感强，而且风味独特。

用料

蔓越莓冷冻鲜果20颗左右　｜　蔓越莓干15克
香蕉1根　｜　蓝莓8~10颗　｜　酸奶200毫升
即食燕麦片1汤匙　｜　薄荷叶1片

做法

1. 准备好所有食材，蔓越莓冷冻鲜果直接拿出冰箱无须解冻。

2. 香蕉切片，取10片用小花面片模具压出小花的形状。

3. 把剩余的香蕉和蔓越莓冷冻鲜果放入榨汁杯，倒入酸奶后启动榨汁杯。留几颗蔓越莓冷冻鲜果不打碎。

4. 在玻璃杯中放入蓝莓、蔓越莓鲜果，香蕉小花沿杯壁贴一圈。

5. 在玻璃杯中倒入果昔，撒上即食燕麦片和蔓越莓干，最后装饰一片薄荷叶即可。

 **烹饪秘籍**

把蔓越莓换成草莓也不错哦！香蕉最好不要选择熟透的，太软烂的不容易造型。

碧根果奶油南瓜羹 健脾和胃

⏳ 20分钟　　👨‍🍳 简单

用料

南瓜400克　|　淡奶油70克　|　碧根果10颗
即食燕麦片少许

做法

1. 南瓜去皮、切块，放入蒸箱或蒸锅蒸10分钟。

2. 把熟南瓜、淡奶油、7颗碧根果、50毫升饮用水倒入破壁机，剩余3颗碧根果留做装饰。

3. 启动破壁机，把所有食材打成细腻的糊状。

4. 把打好的南瓜羹倒入碗中，撒上即食燕麦片，最后用碧根果装饰即可。

烹饪秘籍

　　既有南瓜的甜，又有奶油的浓，还有坚果的香，复合口感真的非常棒！如果觉得淡奶油热量高，也可以替换成普通牛奶或脱脂牛奶。

奶香南瓜山药小丸子 帮助消化

⏳ 35分钟　　👨‍🍳 简单

用料

贝贝南瓜1/2个　|　铁棍山药半根　|　牛奶1小杯
淀粉3汤匙

做法

1. 山药去皮切块，南瓜去皮去瓤切成小块。把南瓜和山药放入蒸锅，大火烧开水后，转中火蒸20分钟后取出。

2. 借助汤匙或别的工具将山药捣成泥，在山药泥中加入3汤匙淀粉抓揉成团。

3. 将山药团揉成若干小圆子。锅中烧水，水开后，下入山药小圆子，煮至漂起，然后捞出沥干水分。

4. 把熟南瓜和牛奶倒入搅拌机杯中，启动搅拌机把两种食材打成顺滑的南瓜糊。

5. 把南瓜糊倒入碗中，然后放上山药小圆子即可享用。

烹饪秘籍

　　我用的是贝贝南瓜，粉糯香甜，不需要再另外加糖。同样的方法，把南瓜换成紫薯也很不错哦！

蜂蜜玫瑰花炖奶 美容养颜

⏳ 25分钟　　👨‍🍳 简单

比双皮奶还好吃的蜂蜜玫瑰花炖奶，用蜂蜜调味，不加一点糖，甜而不腻、入口即化。做法更是简单到没朋友，喜欢甜品的小仙女快做起来吧！

用料

鸡蛋清2个　｜　牛奶200毫升
蜂蜜1汤匙　｜　可食用玫瑰花瓣适量

做法

1. 将两个鸡蛋的蛋黄和蛋清分离，这里只需用到蛋清。

2. 牛奶加入蛋清中拌匀。

3. 过筛后口感会更细腻。

4. 碗上盖保鲜膜，扎几个小孔方便透气。

5. 把碗放入蒸锅，水开后蒸15分钟。

6. 开盖后淋上蜂蜜，撒上玫瑰花瓣，再焖3分钟即可食用。

🧑 **烹饪秘籍**

玫瑰花瓣有独特的清香，但也有些苦。不喜欢苦味的，可以把玫瑰花瓣换成桂花，按自己的口味来添加即可。

火龙果养生银耳羹

⏳ 65分钟　　👨‍🍳 简单

用料

红心火龙果半个　|　银耳6克
黑枸杞子10颗左右　|　冰糖适量

做法

1. 银耳提前用清水泡发。将泡发好后的银耳倒入膳食机中，加入600毫升的清水，选择"养生汤"功能，开盖煮1小时。

2. 炖银耳的空闲，把红心火龙果切成小块备用。

3. 煮至50分钟时加入冰糖继续煮。

4. 银耳炖煮1小时后，加入红心火龙果丁和黑枸杞子拌匀即可。

烹饪秘籍

银耳含有大量胶质和蛋白质，煮的时候会产生很多泡沫并且可能溢出，所以建议煮的时候不要盖盖子。用养生壶、砂锅或炖锅都可以。

木瓜银耳羹

⏳ 75分钟　　👨‍🍳 简单

用料

银耳半朵　|　木瓜半个　|　清水适量
枸杞子20粒左右　|　冰糖适量

做法

1. 新鲜银耳洗净后撕碎或剪碎放入电饭煲或炖锅中。如果用干银耳，需先用温水泡发。

2. 加入清水没过银耳，盖上电饭煲，选择炖汤的功能。如果用砂锅，大火煮开后转成小火，慢炖1小时左右。

3. 银耳煮出胶后，下入去皮切成小块的木瓜。

4. 继续炖煮10分钟后，加入枸杞子和冰糖煮5分钟，待冰糖溶化即可。

烹饪秘籍

可以根据自己的口味加入红枣、莲子、百合等食材。如果是夏天，可以把它放入冰箱，凉凉的喝起来口感也非常好。

家庭版烤梨

⏳ 60分钟　　👨‍🍳 简单

烤梨是用炭火烘烤梨制作而成的一种民间美食。烤过的梨寒性较弱，不会引发腹泻，可以为人体的新陈代谢提供能量。银耳软糯清甜，有一定的美容养颜作用。自己在家用空气炸锅或烤箱就可以制作，非常简单。

用料

雪梨1个 ｜ 桂圆2个 ｜ 枸杞子6粒左右
糯耳少许 ｜ 冰糖3颗

做法

1. 准备好食材。糯耳碎或普通银耳提前用温水泡发，桂圆也可以换成红枣或其他自己喜欢的养生食材。

2. 将雪梨的顶部切下一个"盖子"，挖出梨核和梨肉，注意不要把梨挖破。然后把挖出的梨肉切成小块放回梨中。

3. 把桂圆、枸杞子、冰糖、糯耳碎也放入梨碗中。加入少许清水，不要加太多，避免溢出。

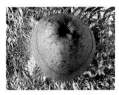

4. 把雪梨的盖子盖好，放到锡纸中间。

5. 用锡纸把梨子包好。

6. 包好的梨子放入炸锅中。设置180℃，时间50分钟。机器开始工作至结束即可。

 🍳 烹饪秘籍

如果没有空气炸锅，用烤箱也可以。方法相同，时间和温度可以根据自家烤箱的实际情况来调整。

红枣花生甜汤 补血养血

⏳ 20分钟　👨‍🍳 简单

用料

小红枣12个　|　红衣花生1把　|　红糖适量

做法

1. 把红枣和花生洗净，用清水浸泡半小时以上。

2. 烧一壶开水，把沸水倒入焖烧罐，盖上盖预热10分钟。

3. 同时把清水烧开，放入花生和红枣煮10分钟。煮的时候需要撇掉上层杂质。

4. 倒掉焖烧罐里用来预热的水，把锅里的红枣花生汤一起倒进焖烧罐，盖上盖进行焖烧。

5. 焖烧罐焖6小时。根据个人口味放入红糖，溶化即可享用。

 烹饪秘籍

这里用的是焖烧罐的方法来做甜汤，用养生壶、电饭煲、炖锅来煲都可以，一般是小火慢炖2小时，最后加入红糖即可。

百合莲子糯耳汤 美容养颜

⏳ 120分钟　👨‍🍳 简单

用料

糯耳半个　|　红枣5个　|　莲子20克
百合10克　|　枸杞子6克　|　冰糖适量

做法

1. 糯耳用清水泡发2小时。取半个泡发后的糯耳洗净去蒂，撕成小块备用。

2. 放入洗净的红枣、莲子、百合（莲子和百合最好也提前用清水泡2小时）。

3. 加入5倍清水，放入电炖锅，盖好盖子，选择"甜品汤"模式，开始煲制。如果没有电炖锅，也可以放入普通炖盅，大火烧开后转小火慢炖2小时。

4. "甜品汤"程序结束前10分钟加入枸杞子和冰糖，煲至程序结束即可。用炖盅也一样，放入枸杞子和冰糖再炖10分钟。

烹饪秘籍

再告诉大家一个不错的吃法，红枣去核后倒入破壁机打成浓汁，香浓爽滑，特别好喝！

山药银耳红枣羹 滋补养颜

⏳ 20分钟　🍴 简单

用料

铁棍山药小半截 ｜ 红枣5颗 ｜ 干银耳碎5克
冰糖25克 ｜ 枸杞子少许

做法

1. 把银耳和红枣先泡发，山药去皮切小段。

2. 烧一壶开水，倒满焖烧罐，盖上盖预热10分钟。

3. 同时清水倒进锅里烧开，放入山药和银耳煮10分钟。

4. 把焖烧罐里预热的开水倒掉，倒入山药银耳汤，再放入冰糖和红枣，拧紧盖子进行焖烧。

5. 焖烧罐焖6小时就可以食用，最后10分钟放入枸杞子。

 烹饪秘籍

这里用的是焖烧罐的方法来做甜汤，用养生壶、电饭煲、炖锅来煲都可以。

蔓越莓银耳桃胶羹 美容养颜

⏳ 80分钟　🍴 简单

用料

蔓越莓10颗 ｜ 桃胶5～8颗 ｜ 雪燕3颗
银耳半朵 ｜ 冰糖15克 ｜ 蔓越莓汁1杯

做法

1. 桃胶、雪燕提前用清水泡发10小时左右。我用的是新鲜银耳，如果用银耳干，也需要泡发。

2. 将银耳剪成小块放入电饭煲或者电炖锅、砂锅都可以，放入泡发好的桃胶，加入适量清水没过食材。启动电饭煲，选择"煲汤"功能，炖50分钟。

3. 50分钟后，银耳和桃胶炖出胶质，再加入雪燕继续炖15分钟。

4. 最后加入冰糖和蔓越莓炖5分钟，待冰糖溶化。

5. 倒入蔓越莓汁，颜色更漂亮、味道更加酸甜可口。

烹饪秘籍

雪燕不要炖太久，否则就没有拉丝了。

桃胶皂角米雪燕糯耳羹

⏳ 80分钟　👨‍🍳 简单

用料

桃胶约10颗　|　雪燕约3颗　|　皂角米1小把
糯耳半朵　|　红枣6颗　|　枸杞子20粒
冰糖10克

做法

1. 桃胶、雪燕和皂角米清水浸泡8~12小时，糯耳清水浸泡2小时左右。泡发好后，挑去杂质、洗净。

2. 糯耳切掉根部，撕成小片放入电饭煲，桃胶和红枣洗净一同放入。

3. 加入适量清水没过食材。按下电饭煲的"煲汤"键，慢煲1小时。

4. 1小时后加入雪燕和皂角米，接着煲15分钟。

5. 最后加入枸杞子和冰糖继续煲5分钟即可。

烹饪秘籍

糯耳属于银耳的一种，用银耳也可以。还可以加入莲子、百合或雪梨等食材，美容养颜又润肺。

玫瑰桃胶羹

⏳ 90分钟　👨‍🍳 简单

用料

桃胶10克　|　雪燕3克　|　皂角米3克　|　红枣6颗
枸杞子适量　|　冰糖适量　|　可食用玫瑰花瓣适量

做法

1. 把桃胶、雪燕和皂角米分别放入清水中泡发。桃胶和雪燕泡发10小时左右，皂角米泡发6小时左右。

2. 三种食材泡发好后，洗净并去除杂质。把桃胶和红枣放入养生壶或电饭煲、炖盅，加入适量清水。盖好盖子，选择养生汤模式，煲1小时左右。

3. 1小时后放入雪燕和皂角米继续煲20分钟。

4. 20分钟后，放入枸杞子和冰糖再煲10分钟即可。把煲好的桃胶羹倒入碗中，最后撒上可食用玫瑰花瓣即可。

烹饪秘籍

雪燕不要过早放入，否则会煮化，就没有拉丝了。玫瑰花瓣最后加入即可，如果一起煲太久，花瓣会褪色。

锥栗桃胶雪燕羹

美容养颜

⏳ 90分钟　👨‍🍳 简单

桃胶、雪燕搭配锥栗、枸杞子、冰糖和桂花一起煲成甜品汤，不仅口感软糯顺滑、清香四溢，营养也非常丰富。常常食用能使皮肤变得有弹性，气色红润有光泽。

用料

桃胶、雪燕、皂角米各8克　｜　锥栗10个
冰糖10克　｜　枸杞子适量　｜　桂花适量

做法

1. 准备好食材，桃胶、雪燕和皂角米需要提前泡发好，大约要泡10小时，泡至没有硬心。

2. 泡好的桃胶挑出杂质，放入电炖锅加适量清水，约炖锅的一半。选择"甜品"功能，时间1小时。

3. 锥栗用剪刀煎一个口，蒸20分钟后剥壳备用。蒸过的锥栗容易剥壳。

4. 1小时后，放入挑出杂质的雪燕和皂角米，同时放入锥栗仁，继续选择"甜品"功能煲20分钟。

5. 20分钟后，放入枸杞子和冰糖继续煮5分钟至冰糖溶化即可。

6. 甜品汤出锅后撒上桂花就完成了。

烹饪秘籍

根据个人口味还可以加入红枣、牛奶或藕粉。红枣和桃胶一起放入，牛奶或藕粉最后加入。

苦尽甘来

⏳ 30分钟　　👨‍🍳 简单

用料

苦瓜1根　│　香蕉2根　│　蜂蜜适量　│　枸杞子适量　│　1茶匙盐

扫码看视频
轻松跟着做

做法

1. 苦瓜切去两头，切成两段。

2. 挖空苦瓜中间。

3. 锅里烧开水，放1茶匙盐，苦瓜入锅中焯水。

4. 焯好的苦瓜捞起来过一下凉水，沥水后备用。

5. 香蕉去皮，抹上蜂蜜。

6. 把抹好蜂蜜的香蕉穿进苦瓜中，多余的部分切掉。

7. 切成一指宽的片。

8. 摆盘，放上泡好的枸杞子，再淋上蜂蜜即可。

烹饪秘籍

1. 开水里放盐可以降低苦瓜的苦味。

2. 苦瓜过凉水既能保持苦瓜的翠绿色，又能使口感更爽脆。

3. 蜂蜜可以充当润滑剂，还可以中和苦瓜的苦味。

苦瓜是夏季最佳时令
蔬菜之一。吃苦瓜可以清
热消暑，还能增进食欲。但苦
瓜味苦，让很多不喜欢苦的朋
友望而却步。小青给大家介绍
一个苦瓜的创意吃法，大大降
低苦瓜的苦味，而且颜值
还很高！

红枣糯米心太软

⏳ 50分钟　　👨‍🍳 简单

用料

若羌灰枣15~17个 ｜ 糯米粉60克 ｜ 白砂糖2汤匙 ｜ 熟白芝麻适量

做法

1. 用不锈钢吸管从红枣的一端插入，将枣核从另一端顶出来。如果没有合适的吸管，就用剪刀去核，从一侧剪开再剔除红枣核，注意不要剪断红枣。

2. 用剪刀把红枣剪开，剪一边即可。把所有的红枣都剪好备用。

3. 将40毫升温水多次少量慢慢加入糯米粉中，揉到软硬适中且不粘手的状态即可。不要一次性倒入太多，因为不同糯米粉的吸水性可能不太一样。

4. 取5~6克的糯米粉团，揉成图中的形状。具体大小根据红枣的大小来调整，以能塞进红枣为宜。

5. 把小糯米团塞进红枣里捏好。用同样的方法把所有红枣塞好糯米团后，放入盘里码好。

6. 把盘子放入蒸锅，大火蒸10~15分钟。根据红枣和糯米团的大小来调整时间，大的时间长一些，反之缩短，把糯米蒸团熟即可。

7. 锅里加100毫升清水烧开，加入2汤匙白砂糖加热两三分钟煮成糖水。

8. 把红枣糯米倒入糖水中滚一圈。如果不想破坏红枣糯米在盘子里的造型，也可以把糖水直接浇到红枣糯米上，这样看起来光泽度会更好。最后撒上熟白芝麻即可。

🍳 **烹饪秘籍**

1. 因为若羌灰枣的甜度很高，就没有在糯米粉里再加糖。如果不想煮糖水，蒸好了直接吃也可以，不过加了芝麻会更香。

2. 趁热吃最好，放凉后糯米团会变硬。变硬后可以复蒸再吃，口感会更好。

嘴馋了想吃零食又害怕热量太高，怎么办？自己动手做吧！红枣的维生素含量非常高，有"天然维生素丸"的美誉。红色的外表包裹着白色的糯米团、味道甜美、造型新颖，健康的烹饪方式，不用担心热量问题！

南瓜红枣糯米糕 预防便秘

⏳ 40分钟　　👨‍🍳 简单

用料

南瓜300克 | 红枣8个 | 白糖1汤匙 | 面粉100克 | 糯米粉150克 | 食用油适量

做法

1. 红枣去核剪成两半，用清水浸泡。

2. 南瓜去皮，切成小块，蒸15分钟至软烂。

3. 借助勺子等工具把南瓜块捣烂，在南瓜泥中加1汤匙白糖拌匀。

4. 把100克面粉和150克糯米粉混合，分次加入南瓜泥。南瓜泥不要一次性加入，根据实际情况来调整南瓜泥的量。

5. 先用手搅拌成絮状，然后揉成颜色均匀且光滑的面团。

6. 把面团揉成长条（面团比较大，可以先一分为二），然后切成一指宽左右的小段。

7. 取一个小剂子揉成圆形，然后稍微搓长轻轻按扁成椭圆形。面团如果比较粘手，可以在手上抹点油后再整形。

8. 在面团中间用手指压一个凹槽，把红枣填进去压紧。用同样的方法把其余的红枣都填好。

9. 盘子上抹一层油防粘，把做好的南瓜红枣糕摆在盘子上。

10. 把盘子放入蒸锅，水开后蒸20分钟即可。

烹饪秘籍

因为南瓜的含水量和吸水量各不同，所以南瓜泥的量是不固定的，请根据实际情况少量多次地添加到混合的粉中，太干就继续加南瓜泥，太粘手就加面粉或糯米粉，揉到合适的不特别粘手的状态为宜。

黄橙橙的南瓜点缀红色的枣子，吃起来口感香软、甜而不腻，作为早餐或下午茶的点心都是非常不错的选择。

蔓越莓红糖发糕

⏳ 100分钟　☺ 简单

用料

面粉200克 ｜ 红糖60克 ｜ 酵母4克 ｜ 蔓越莓干30克 ｜ 白芝麻适量

做法

1. 把红糖倒入150毫升温水，用汤匙搅拌至溶化，把酵母粉倒入红糖水中搅拌，静置片刻，让酵母激活。

2. 把蔓越莓干切碎。

3. 将红糖酵母水倒入面粉中搅拌。

4. 再倒入蔓越莓干，拌匀至无面粉颗粒。

5. 将搅拌好的面糊倒入6寸的蛋糕模具中。盖上保鲜膜，放在温暖处发酵。

6. 发至模具九成满。

7. 撒上白芝麻，入蒸锅，上汽后大火蒸25分钟，关火后闷5分钟揭盖。

8. 蒸好后，借助脱模刀脱模，切开后即可食用。

烹饪秘籍

面糊里还可以加入各种坚果、干果，如核桃仁、葡萄干等，营养更丰富。面粉也可以换成全麦粉，更适合减脂期食用。

红糖发糕并不是一种
容易导致发胖的食物，适
量的吃一些发糕可以增加饱腹
感，从而减少其他食物的摄入，
且能够为自身提供能量，促进细
胞代谢。把传统红糖发糕里的
红枣换成蔓越莓，使其酸
酸甜甜，风味更赞。

蔓越莓山药糕 健脾益肾

⏳ 40分钟　👨‍🍳 简单

在传统的山药糕中加入了蔓越莓，中西合璧，口感酸甜适口，营养更丰富。蔓越莓鲜果给这道点心锦上添花！

用料

铁棍山药1根 ｜ 蔓越莓鲜果若干
蔓越莓干1小包 ｜ 炼乳适量

做法

1. 铁棍山药去皮，切小段，蒸20分钟。准备好蔓越莓鲜果和干果。

2. 把蒸熟的山药捣成泥，加入适量炼乳，或者用蜂蜜、牛奶加细砂糖也可以。

3. 把山药泥和炼乳揉匀。加入蔓越莓干，混合均匀。

4. 在小花形状的饼干模具填入适量蔓越莓山药泥，压实，抹平。

5. 然后小心脱模。同样的方法做出几个蔓越莓山药糕。最后在山药糕中间放一颗蔓越莓鲜果装饰即可。

 烹饪秘籍

山药泥不要调得太稀，否则会粘手，不成形。如果太粘手，可以加入炒熟的糯米粉，揉匀后再做造型。

酸奶麦片红薯山药糕

健脾养胃

⏳ 25分钟　🍳 简单

香甜的红薯和粉糯的山药搭配在一起，淋上酸奶，再撒上水果燕麦脆，瞬间就高大上了。远看就像是花式冰激凌，颜值高又饱腹，做法还特别简单，真是完美拯救手残党的创意小甜品！

用料

红薯1个 ｜ 铁棍山药1/2根 ｜ 浓稠酸奶1盒
牛奶、水果燕麦脆各适量

做法

1. 红薯和山药去皮、切块，放入蒸箱或蒸锅，蒸20分钟至软烂。

2. 把红薯和山药分别捣成泥。因为山药比较干，可加入牛奶或淡奶油增加湿度，成品口感更顺滑。

3. 一半的红薯泥盛入盘中，借助汤匙或抹刀整成圆饼形。用同样的方法在红薯泥上盖一层山药泥。

4. 把剩余的红薯泥再盖到山药泥上，整好形，像一个小蛋糕。

5. 在红薯泥上倒上酸奶，撒上水果燕麦脆，或者切好的水果丁、蜜饯丁、果脯丁等都可以。

烹饪秘籍

用稠质的酸奶比较适合，它能固定在红薯上，不会都流到盘子里，像打发过的奶油一样，颜值比较高。

日式烤南瓜 保护胃黏膜 帮助消化

⏳ 30分钟　　👨‍🍳 简单

日式烤南瓜香甜粉糯，浓郁的板栗口感，又粉又面，混合了黑胡椒粉的香气，甜中带咸，口感丰富，简直比糖炒栗子还要好吃。做法也超级简单，低脂低卡，好吃不胖。

用料

贝贝南瓜1个　|　橄榄油1汤匙　|　海盐1茶匙
黑胡椒碎适量

做法

1. 把贝贝南瓜洗净，对半切开，掏出瓜瓤。

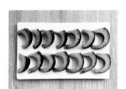

2. 去掉瓜蒂，切成均匀的小块。

3. 把南瓜块放入保鲜袋，加入1汤匙橄榄油、1茶匙海盐和适量现磨黑胡椒碎摇匀，让南瓜裹满调味料。

4. 烤盘铺锡纸，放入南瓜块。

5. 烤箱180℃预热好后，放入南瓜，180℃烤20分钟即可。

烹饪秘籍

贝贝南瓜比较小，不需要烤太久。烤南瓜的时间请根据南瓜的实际大小调整，注意不要烤焦。

牛奶麻薯 增强体质

⏳ 10分钟　　🍵 简单

牛奶除了直接喝或制作成各种饮品，还可以做成牛奶麻薯，口感甜甜糯糯，入口即化，当作下午茶再合适不过。

用料

纯牛奶200毫升 ｜ 细砂糖2汤匙
淀粉3汤匙 ｜ 熟黄豆粉适量

做法

1. 纯牛奶倒入奶锅，加细砂糖和淀粉拌匀。

2. 纯牛奶边加热边搅拌至浓稠状态。

3. 把牛奶糊装入裱花袋。

4. 裱花袋底部剪一个口，把奶糊挤到凉白开或者矿泉水、纯净水里。

5. 全部挤好后，捞出沥干水装盘。

6. 在牛奶麻薯表面撒上黄豆粉即可。

 烹饪秘籍

牛奶糊要趁热挤到凉水里，如果牛奶糊凉了再挤就会散开，无法成形。

图书在版编目（CIP）数据

低脂轻食家常菜 / 小菁同学编著. — 北京：中国
轻工业出版社，2024.9

ISBN 978-7-5184-3664-4

Ⅰ.①低… Ⅱ.①小… Ⅲ.①家常菜肴—菜谱
Ⅳ.① TS972.127

中国版本图书馆 CIP 数据核字（2021）第 185283 号

责任编辑：张　弘

文字编辑：谢　兢　　责任终审：张乃柬　　整体设计：锋尚设计

策划编辑：张　弘　　责任校对：朱燕春　　责任监印：张京华

出版发行：中国轻工业出版社（北京鲁谷东街5号，邮编：100040）

印　　刷：北京博海升彩色印刷有限公司

经　　销：各地新华书店

版　　次：2024年9月第1版第6次印刷

开　　本：710×1000　1/16　印张：12

字　　数：200千字

书　　号：ISBN 978-7-5184-3664-4　定价：49.80元

邮购电话：010-85119873

发行电话：010-85119832　010-85119912

网　　址：http://www.chlip.com.cn

Email：club@chlip.com.cn